U0285875

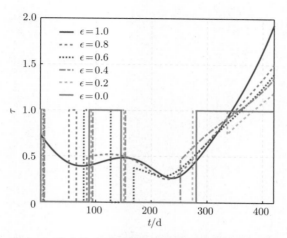

图 3.1 推力大小随时间和同伦参数变化的曲线图

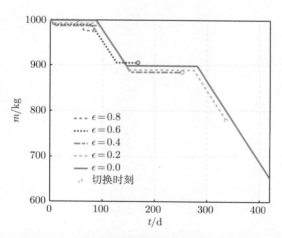

图 3.2 子系统 1 中航天器质量随时间和同伦参数变化的曲线图

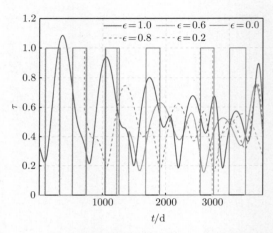

图 3.3　推力大小随时间和同伦参数变化的曲线图

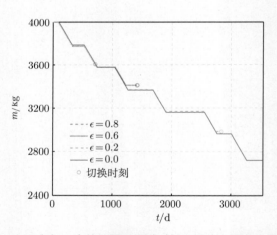

图 3.4　子系统 1 中航天器质量随时间和同伦参数变化的曲线图

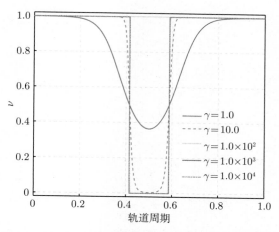

图 4.1 不同 γ 参数下阴影区函数的变化规律示意图

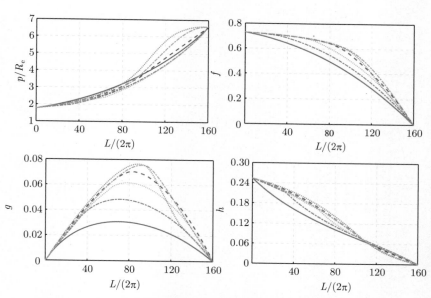

图 4.3 同伦过程中航天器轨道根数和时间随真经度的变化曲线图

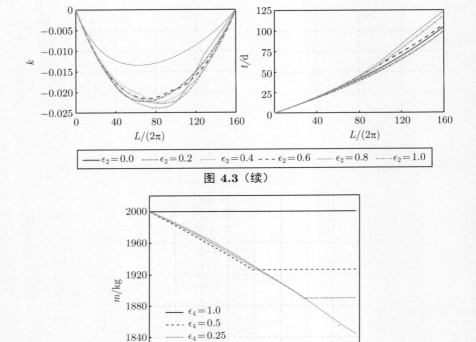

图 4.3（续）

图 5.3　问题 4 混合系统同伦过程中质量随真经度的变化曲线

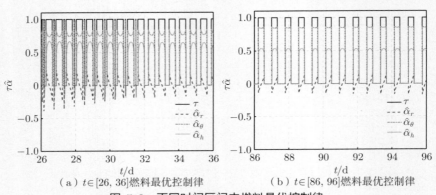

（a）$t \in [26, 36]$燃料最优控制律　　　　　（b）$t \in [86, 96]$燃料最优控制律

图 5.6　不同时间区间内燃料最优控制律

清华大学优秀博士学位论文丛书

连续推力轨迹优化的协态初值估计与同伦延拓方法

武迪（Wu Di）著

Initial Costate Estimation and
Homotopy Continuation Methods
for Continuous-Thrust Trajectory Optimization

清华大学出版社
北京

内 容 简 介

针对电推进航天器的轨道动力学与轨迹优化问题，本书总结了连续推力轨迹优化间接法的研究进展，探究了间接法中的协态初值估计和同伦延拓方法，提升了优化求解的最优性、收敛性和计算效率。本书第 2 章和第 3 章介绍了克服间接法初值敏感问题的两类方法：准确估计协态变量或增大收敛域，建立了协态变量和标称轨道之间的映射关系，提出了两个子系统组成的混合系统的同伦延拓方法。为了应对电推进日益广泛的应用场景，本书第 4 章和第 5 章研究了地球卫星在高精度模型下的时间和燃料最优多圈轨迹快速求解方法，构建了轨迹优化近似动力学模型，提出了自变量变换对应的协态变量映射，探究了多圈问题多局部解的特征，实现了电推进地球卫星数百圈转移的快速优化。

本书可供从事航天器任务轨道设计、航天动力学与控制研究的相关人员参考，也适合相关专业研究生阅读。

图书在版编目（CIP）数据

连续推力轨迹优化的协态初值估计与同伦延拓方法/武迪著.—北京：清华大学出版社，2024.4
（清华大学优秀博士学位论文丛书）
ISBN 978-7-302-65989-1

Ⅰ．①连…　Ⅱ．①武…　Ⅲ．①航天器–推进器–飞行轨迹　Ⅳ．①V412

中国国家版本馆 CIP 数据核字 (2024) 第 073233 号

责任编辑：戚　亚
封面设计：傅瑞学
责任校对：薄军霞
责任印制：刘海龙

出版发行：清华大学出版社
　　　　　网　　　址：https://www.tup.com.cn, https://www.wqxuetang.com
　　　　　地　　　址：北京清华大学学研大厦 A 座　　　　邮　　　编：100084
　　　　　社 总 机：010-83470000　　　　　　　　　　邮　　　购：010-62786544
　　　　　投稿与读者服务：010-62776969, c-service@tup.tsinghua.edu.cn
　　　　　质量反馈：010-62772015, zhiliang@tup.tsinghua.edu.cn
印 装 者：三河市东方印刷有限公司
经　　销：全国新华书店
开　　本：155mm×235mm　　　印　　张：10　　　插　　页：2　　　字　　数：162 千字
版　　次：2024 年 4 月第 1 版　　　　　　　　印　　次：2024 年 4 月第 1 次印刷
定　　价：79.00 元

产品编号：103124-01

一流博士生教育
体现一流大学人才培养的高度（代丛书序）[①]

人才培养是大学的根本任务。只有培养出一流人才的高校，才能够成为世界一流大学。本科教育是培养一流人才最重要的基础，是一流大学的底色，体现了学校的传统和特色。博士生教育是学历教育的最高层次，体现出一所大学人才培养的高度，代表着一个国家的人才培养水平。清华大学正在全面推进综合改革，深化教育教学改革，探索建立完善的博士生选拔培养机制，不断提升博士生培养质量。

学术精神的培养是博士生教育的根本

学术精神是大学精神的重要组成部分，是学者与学术群体在学术活动中坚守的价值准则。大学对学术精神的追求，反映了一所大学对学术的重视、对真理的热爱和对功利性目标的摒弃。博士生教育要培养有志于追求学术的人，其根本在于学术精神的培养。

无论古今中外，博士这一称号都和学问、学术紧密联系在一起，和知识探索密切相关。我国的博士一词起源于 2000 多年前的战国时期，是一种学官名。博士任职者负责保管文献档案、编撰著述，须知识渊博并负有传授学问的职责。东汉学者应劭在《汉官仪》中写道："博者，通博古今；士者，辩于然否。"后来，人们逐渐把精通某种职业的专门人才称为博士。博士作为一种学位，最早产生于 12 世纪，最初它是加入教师行会的一种资格证书。19 世纪初，德国柏林大学成立，其哲学院取代了以往神学院在大学中的地位，在大学发展的历史上首次产生了由哲学院授予的哲学博士学位，并赋予了哲学博士深层次的教育内涵，即推崇学术自由、创造新知识。哲学博士的设立标志着现代博士生教育的开端，博士则被定义为

---

① 本文首发于《光明日报》，2017 年 12 月 5 日。

独立从事学术研究、具备创造新知识能力的人，是学术精神的传承者和光大者。

博士生学习期间是培养学术精神最重要的阶段。博士生需要接受严谨的学术训练，开展深入的学术研究，并通过发表学术论文、参与学术活动及博士论文答辩等环节，证明自身的学术能力。更重要的是，博士生要培养学术志趣，把对学术的热爱融入生命之中，把捍卫真理作为毕生的追求。博士生更要学会如何面对干扰和诱惑，远离功利，保持安静、从容的心态。学术精神，特别是其中所蕴含的科学理性精神、学术奉献精神，不仅对博士生未来的学术事业至关重要，对博士生一生的发展都大有裨益。

独创性和批判性思维是博士生最重要的素质

博士生需要具备很多素质，包括逻辑推理、言语表达、沟通协作等，但是最重要的素质是独创性和批判性思维。

学术重视传承，但更看重突破和创新。博士生作为学术事业的后备力量，要立志于追求独创性。独创意味着独立和创造，没有独立精神，往往很难产生创造性的成果。1929 年 6 月 3 日，在清华大学国学院导师王国维逝世二周年之际，国学院师生为纪念这位杰出的学者，募款修造"海宁王静安先生纪念碑"，同为国学院导师的陈寅恪先生撰写了碑铭，其中写道："先生之著述，或有时而不章；先生之学说，或有时而可商；惟此独立之精神，自由之思想，历千万祀，与天壤而同久，共三光而永光。"这是对于一位学者的极高评价。中国著名的史学家、文学家司马迁所讲的"究天人之际，通古今之变，成一家之言"也是强调要在古今贯通中形成自己独立的见解，并努力达到新的高度。博士生应该以"独立之精神、自由之思想"来要求自己，不断创造新的学术成果。

诺贝尔物理学奖获得者杨振宁先生曾在 20 世纪 80 年代初对到访纽约州立大学石溪分校的 90 多名中国学生、学者提出："独创性是科学工作者最重要的素质。"杨先生主张做研究的人一定要有独创的精神、独到的见解和独立研究的能力。在科技如此发达的今天，学术上的独创性变得越来越难，也愈加珍贵和重要。博士生要树立敢为天下先的志向，在独创性上下功夫，勇于挑战最前沿的科学问题。

批判性思维是一种遵循逻辑规则、不断质疑和反省的思维方式，具有批判性思维的人勇于挑战自己，敢于挑战权威。批判性思维的缺乏往往被认为是中国学生特有的弱项，也是我们在博士生培养方面存在的一个普遍问题。2001 年，美国卡内基基金会开展了一项"卡内基博士生教育创新计划"，针对博士生教育进行调研，并发布了研究报告。该报告指出：在美国和欧洲，培养学生保持批判而质疑的眼光看待自己、同行和导师的观点同样非常不容易，批判性思维的培养必须成为博士生培养项目的组成部分。

对于博士生而言，批判性思维的养成要从如何面对权威开始。为了鼓励学生质疑学术权威、挑战现有学术范式，培养学生的挑战精神和创新能力，清华大学在 2013 年发起"巅峰对话"，由学生自主邀请各学科领域具有国际影响力的学术大师与清华学生同台对话。该活动迄今已经举办了 21 期，先后邀请 17 位诺贝尔奖、3 位图灵奖、1 位菲尔兹奖获得者参与对话。诺贝尔化学奖得主巴里·夏普莱斯（Barry Sharpless）在 2013 年 11 月来清华参加"巅峰对话"时，对于清华学生的质疑精神印象深刻。他在接受媒体采访时谈道："清华的学生无所畏惧，请原谅我的措辞，但他们真的很有胆量。"这是我听到的对清华学生的最高评价，博士生就应该具备这样的勇气和能力。培养批判性思维更难的一层是要有勇气不断否定自己，有一种不断超越自己的精神。爱因斯坦说："在真理的认识方面，任何以权威自居的人，必将在上帝的嬉笑中垮台。"这句名言应该成为每一位从事学术研究的博士生的箴言。

提高博士生培养质量有赖于构建全方位的博士生教育体系

一流的博士生教育要有一流的教育理念，需要构建全方位的教育体系，把教育理念落实到博士生培养的各个环节中。

在博士生选拔方面，不能简单按考分录取，而是要侧重评价学术志趣和创新潜力。知识结构固然重要，但学术志趣和创新潜力更关键，考分不能完全反映学生的学术潜质。清华大学在经过多年试点探索的基础上，于 2016 年开始全面实行博士生招生"申请–审核"制，从原来的按照考试分数招收博士生，转变为按科研创新能力、专业学术潜质招收，并给予院系、学科、导师更大的自主权。《清华大学"申请–审核"制实施办法》明晰了导师和院系在考核、遴选和推荐上的权力和职责，同时确定了规范的流程及监管要求。

在博士生指导教师资格确认方面，不能论资排辈，要更看重教师的学术活力及研究工作的前沿性。博士生教育质量的提升关键在于教师，要让更多、更优秀的教师参与到博士生教育中来。清华大学从 2009 年开始探索将博士生导师评定权下放到各学位评定分委员会，允许评聘一部分优秀副教授担任博士生导师。近年来，学校在推进教师人事制度改革过程中，明确教研系列助理教授可以独立指导博士生，让富有创造活力的青年教师指导优秀的青年学生，师生相互促进、共同成长。

在促进博士生交流方面，要努力突破学科领域的界限，注重搭建跨学科的平台。跨学科交流是激发博士生学术创造力的重要途径，博士生要努力提升在交叉学科领域开展科研工作的能力。清华大学于 2014 年创办了"微沙龙"平台，同学们可以通过微信平台随时发布学术话题，寻觅学术伙伴。3 年来，博士生参与和发起"微沙龙"12000 多场，参与博士生达 38000 多人次。"微沙龙"促进了不同学科学生之间的思想碰撞，激发了同学们的学术志趣。清华于 2002 年创办了博士生论坛，论坛由同学自己组织，师生共同参与。博士生论坛持续举办了 500 期，开展了 18000 多场学术报告，切实起到了师生互动、教学相长、学科交融、促进交流的作用。学校积极资助博士生到世界一流大学开展交流与合作研究，超过 60% 的博士生有海外访学经历。清华于 2011 年设立了发展中国家博士生项目，鼓励学生到发展中国家亲身体验和调研，在全球化背景下研究发展中国家的各类问题。

在博士学位评定方面，权力要进一步下放，学术判断应该由各领域的学者来负责。院系二级学术单位应该在评定博士论文水平上拥有更多的权力，也应担负更多的责任。清华大学从 2015 年开始把学位论文的评审职责授权给各学位评定分委员会，学位论文质量和学位评审过程主要由各学位分委员会进行把关，校学位委员会负责学位管理整体工作，负责制度建设和争议事项处理。

全面提高人才培养能力是建设世界一流大学的核心。博士生培养质量的提升是大学办学质量提升的重要标志。我们要高度重视、充分发挥博士生教育的战略性、引领性作用，面向世界、勇于进取，树立自信、保持特色，不断推动一流大学的人才培养迈向新的高度。

邱勇

清华大学校长

2017 年 12 月

丛书序二

以学术型人才培养为主的博士生教育，肩负着培养具有国际竞争力的高层次学术创新人才的重任，是国家发展战略的重要组成部分，是清华大学人才培养的重中之重。

作为首批设立研究生院的高校，清华大学自 20 世纪 80 年代初开始，立足国家和社会需要，结合校内实际情况，不断推动博士生教育改革。为了提供适宜博士生成长的学术环境，我校一方面不断地营造浓厚的学术氛围，一方面大力推动培养模式创新探索。我校从多年前就已开始运行一系列博士生培养专项基金和特色项目，激励博士生潜心学术、锐意创新，拓宽博士生的国际视野，倡导跨学科研究与交流，不断提升博士生培养质量。

博士生是最具创造力的学术研究新生力量，思维活跃，求真求实。他们在导师的指导下进入本领域研究前沿，吸取本领域最新的研究成果，拓宽人类的认知边界，不断取得创新性成果。这套优秀博士学位论文丛书，不仅是我校博士生研究工作前沿成果的体现，也是我校博士生学术精神传承和光大的体现。

这套丛书的每一篇论文均来自学校新近每年评选的校级优秀博士学位论文。为了鼓励创新，激励优秀的博士生脱颖而出，同时激励导师悉心指导，我校评选校级优秀博士学位论文已有 20 多年。评选出的优秀博士学位论文代表了我校各学科最优秀的博士学位论文的水平。为了传播优秀的博士学位论文成果，更好地推动学术交流与学科建设，促进博士生未来发展和成长，清华大学研究生院与清华大学出版社合作出版这些优秀的博士学位论文。

感谢清华大学出版社，悉心地为每位作者提供专业、细致的写作和出版指导，使这些博士论文以专著方式呈现在读者面前，促进了这些最新的优秀研究成果的快速广泛传播。相信本套丛书的出版可以为国内外各相关领域或交叉领域的在读研究生和科研人员提供有益的参考，为相关学科领域的发展和优秀科研成果的转化起到积极的推动作用。

感谢丛书作者的导师们。这些优秀的博士学位论文，从选题、研究到成文，离不开导师的精心指导。我校优秀的师生导学传统，成就了一项项优秀的研究成果，成就了一大批青年学者，也成就了清华的学术研究。感谢导师们为每篇论文精心撰写序言，帮助读者更好地理解论文。

感谢丛书的作者们。他们优秀的学术成果，连同鲜活的思想、创新的精神、严谨的学风，都为致力于学术研究的后来者树立了榜样。他们本着精益求精的精神，对论文进行了细致的修改完善，使之在具备科学性、前沿性的同时，更具系统性和可读性。

这套丛书涵盖清华众多学科，从论文的选题能够感受到作者们积极参与国家重大战略、社会发展问题、新兴产业创新等的研究热情，能够感受到作者们的国际视野和人文情怀。相信这些年轻作者们勇于承担学术创新重任的社会责任感能够感染和带动越来越多的博士生，将论文书写在祖国的大地上。

祝愿丛书的作者们、读者们和所有从事学术研究的同行们在未来的道路上坚持梦想，百折不挠！在服务国家、奉献社会和造福人类的事业中不断创新，做新时代的引领者。

相信每一位读者在阅读这一本本学术著作的时候，在吸取学术创新成果、享受学术之美的同时，能够将其中所蕴含的科学理性精神和学术奉献精神传播和发扬出去。

清华大学研究生院院长

2018 年 1 月 5 日

导师序言

　　轨道动力学研究历史悠久，随着微积分、变分法、动力系统理论的发展，人类得以深入理解天体和航天器的运动规律。轨道动力学是航天任务设计的基础。随着电推进技术逐渐发展成熟，连续小推力作用下的航天器的轨道运动规律与工程设计受到越来越多的关注。

　　电推进航天器的轨道设计需要借助数值优化方法，同时考虑力学环境、约束和性能指标进行高效求解。对于复杂的航天任务，轨道设计需要全局设计和精细的轨迹优化。全局设计的解空间很大，难以获得最优解；轨迹优化是全局设计的基础，要争取"又快又好"。

　　本书研究了电推进轨迹优化间接法中的一些难题，兼顾工程应用背景与理论研究深度，针对深空或近地的电推进航天器的轨道设计与优化问题，系统阐述了轨迹优化方法的研究进展、间接法理论与数值优化算法的最新成果。

　　本书可供从事航天器任务轨道设计、航天动力学与控制研究的相关人员参考，也适合对连续推力轨道设计与优化、最优控制理论感兴趣的研究生阅读。

李俊峰

2023 年 6 月 29 日于北京

摘　要

随着宇航推进技术的不断发展，高效的连续电推进逐渐受到广泛关注，在多次空间探测任务中成功应用。连续电推进轨道的设计与优化是未来实施低消耗、高回报探测任务的关键技术手段。然而，连续推力作用时间长、轨迹优化难度大、在大行星附近的飞行圈数多等特点使得相应的轨迹优化问题难以快速求解，限制了进一步的任务设计。为了提升连续推力轨迹优化效率，本书研究了间接法的协态初值估计与同伦延拓方法。

首先，为解决间接法的初值猜测难题，研究了协态变量与标称轨道之间的映射关系。对所有一阶必要条件是否为协态变量的线性函数进行分析和归纳，给出了关于协态变量的线性等式约束条件。在已知标称轨道的基础上，构造以协态变量初始值和哈密顿函数为变量的线性方程组，分析了方程组对协态初值估计的限制作用。采用最小二乘法提出了解析协态初值估计方法，成功求解时间/能量最优行星际交会问题和燃料最优月球软着陆问题。

随后，针对间接法中同伦延拓方法的初始化难题，研究了由两个子系统（优化问题）组成的混合系统的同伦延拓方法。通过将同伦方法和混合系统相结合，使同伦过程与初始问题的设计更普适，提出了新的带同伦参数的子系统间耦合函数形式及其对应的一阶必要条件。以燃料最优问题为例，讨论了初始问题解析求解和原问题的数值求解。在求解地球至具有大椭圆、较大倾角轨道小行星的燃料最优交会时，该方法能够快速初始化，具有 100% 的收敛率。

最后，应用间接法求解了地球附近多圈轨迹优化问题，研究了高精度模型下时间/燃料最优转移和交会问题的快速求解方法。根据连续推力远小于地球引力的特点，构建多圈轨迹优化近似动力学模型，给出了它和高精度模型之间的同伦延拓方法，提出了 Sundman 自变量变换对应的协态变量映射。考虑到多圈问题多局部解的特点，提出了具有固定末端真经度的近似模型下优化问题，分析了最优转移和交会结果随圈数变化的规律。针对时间最优交会问题，提出了基于割线法的交会点快速求解算法；对于燃料最优问题，给出了末端时间约束同伦方法。采用混合系统同伦延拓方法，实现了解析协态初值估计。应用于地球同步转移轨道至地球同步轨道的时间和燃料最优交会问题，以 100% 的收敛率和分钟量级的计算效率实现了数百圈问题的快速优化。

关键词： 连续推力；轨迹优化；间接法；协态初值估计；同伦延拓

Abstract

In the past two decades, low-thrust propulsion systems have gained much attention due to their high propulsion efficiency and successful application to various exploration missions. The continuous low-thrust trajectory optimization plays an important role in decreasing the propellant consumption and increasing the mission rewards. However, the trajectory optimization problem is difficult to solve quickly because of the long-acting time of continuous thrust, complicated optimization algorithms, and many revolutions around the planets. To improve the optimization efficiency, we study the indirect method with suitable initial costate estimation and fast homotopy method in this book.

Firstly, to overcome the obstacle of initial guesses for the indirect method, the mapping relationship between the initial costate values and the reference trajectory is investigated. The Hamiltonian function is generally linear with respect to the costates, and all the first-order optimality necessary conditions are therefore analyzed and classified according to their inherent properties. Meanwhile, some linear conditions with respect to the costates are obtained, and the linear algebraic equations are derived, under the assumption that the spacecraft moves along a near-optimal reference trajectory. The limitation of these equations on the initial costates is analyzed, and a least-squares method is used to obtain the initial costates when the corresponding coefficient matrix is invertible. Three examples of typical optimal control problems comprised of an energy-optimal interplanetary rendezvous, a time-optimal interplanetary rendezvous, and a propellant-optimal pinpoint landing are studied to demonstrate the advantage of the proposed estimation method.

Secondly, to provide a warm start for the homotopy process of the indirect method, the trajectory optimization of a switched system is investigated in combination with the homotopy method. The basic idea is to embed the trajectory optimization model into the switched system, which consists of different types of dynamics and/or performance indexes, such that the embedded dynamics and/or performance index can be more generally designed to analytically obtain the initial costates. The embedding function of the switched system is designed by incorporating a homotopy parameter to connect the analytical initial costates with the optimal solution to the low-thrust trajectory optimization problem. A new embedding function is formulated, and the corresponding first-order optimality conditions are derived. The numerical solution algorithm with analytical initial costates is presented for the propellant-optimal problem. The proposed method can be quickly initialized to solve the interplanetary rendezvouses with multi-revolution, elliptical, and inclined transfer trajectories, and all the cases tested in this book converge.

Finally, the indirect method is applied to solve the many-revolution problems around the Earth. Two fast solution methods are proposed to solve the time-optimal and propellant-optimal many-revolution trajectory optimization problems. Since the continuous thrust magnitude is high-order small compared to the Earth's gravity, an approximate dynamics model is conducted, and the homotopy method is used to link the approximate model with the high-fidelity model. Then, the costate relationship between the optimal control problems before and after the Sundman transformation is proposed. Considering that the many-revolution problem has numerous locally optimal solutions, we formulate the optimal control problem with fixed final true longitude subject to the approximate model, to analyze the optimal solutions of different final true longitudes. For the time-optimal problem, the secant method is used to satisfy the rendezvous condition. Besides, the homotopy method of adjusting the final time is used to solve the propellant-optimal problem. The analytical initialization is achieved by the proposed warm-start homotopy method. Several minutes are utilized to solve the time-optimal and propellant-optimal rendezvouses from the geostationary transfer orbit to the geostationary orbit with hundreds of revolutions, and all the tested cases converge.

Keywords: Continuous thrust; Trajectory optimization; Indirect method; Costate estimation; Homotopy continuation

缩略语对照表

ESA	欧洲航天局（European Space Agency）
JAXA	日本宇宙航空研究开发机构（Japan Aerospace Exploration Agency）
NASA	美国国家航空航天局（National Aeronautics and Space Administration）
GTOC	国际空间探测轨迹优化大赛（Global Trajectory Optimisation Competition）
CTOC	中国空间轨道设计竞赛（China Trajectory Optimisation Competition）
VLBI	甚长基线干涉测量技术（very long baseline interferometry）
NLP	非线性规划问题（nonlinear programming）
TPBVP	两点边值问题（two-point boundary value problem）
MPBVP	多点边值问题（multi-point boundary value problem）
ACT	协态–控制变换（adjoint-control transformation）
PSO	粒子群优化算法（particle swarm optimization）
GTO	地球同步转移轨道（geostationary transfer orbit）
GEO	地球静止轨道（geostationary orbit）
KKT 条件	卡罗需–库恩–塔克条件（Karush-Kuhn-Tucker conditions）
STM	状态转移矩阵（state transition matrix）

TDB　　　　质心力学时（barycentric dynamical time）

JPL　　　　喷气推进实验室（Jet Propulsion Laboratory）

SEP　　　　太阳能电推进（solar electric propulsion）

UT　　　　世界时（universal time）

目　录

Contents

第 1 章 绪 论

1.1 研究背景和意义

自 20 世纪 50 年代第一颗人造地球卫星成功发射以来，浩瀚太空成为人类活动的"第四疆域"。从 20 世纪 60 年代实现载人航天和登月，到 70 年代发射空间站与"旅行者"号探测器（Voyager），丰富多样的空间探测活动取得了大量的科学技术成果。现如今，人类的足迹遍布太阳系内各大行星系统和大量小天体，各类探测对揭示太阳系起源与演化、探寻地外生命等科学问题具有重要意义，航天技术在人们的日常生活和科技发展中发挥着不可替代的作用。

随着宇航推进技术的不断发展，航天器的轨道机动方式不断更新换代。早期任务大多应用传统的化学推进系统，该系统可以提供较大的推力，短时间的机动即可实现所需的速度增量，在任务设计时可以当作脉冲模型近似处理。例如，"伽利略"号探测器（Galileo）的近木点制动所需速度增量约为 $630\,\mathrm{m/s}$，机动时间约为 $49\,\mathrm{min}$，远小于绕木轨道上百天的周期[1]。早在 1964 年，苏联便开发了离子电推进发动机，用于 Zond-2 探测器的姿态控制[2]。1998 年，"深空 1 号"探测器（Deep Space-1）验证了离子电推进技术（NSTAR 发动机）的轨道机动能力[3]。相比于传统化学推进系统，电推进系统的比冲更高，约为化学推进比冲的 5~10 倍，因此更加节省燃料，能够显著降低任务消耗或增加有效载荷；但其推力量级较小，需要长时间的作用才能产生明显的速度增量，开机工作时间较长。ESA 于 2003 年发射了 SMART-1 探测器，历时十五个月，利用太阳能电推进（PPS1350-G 发动机）将探测器转移至环月轨道，成功使用电推进实现了地月转移。同年 JAXA 发射了 Hayabusa 任务，应用 μ10 电推进发动机于 2005 年对小行星 Itokawa 进行着陆采样，并于 2010 年返回地球，首次实现了小行星采样返回。Hayabusa2 探测器于 2019 年实现了小行星 Ryugu 的着陆采样，于 2020 年返回地球。2007 年，NASA 发射了 Dawn 探测器，装备了 3 个 NSTAR 电推进发动机，先后探访了小行星带中的灶神星（小行星 Vesta）和谷神星（矮行星 Ceres）[4]，实现了谷神星的环绕探测。

近年来，电推进技术应用于多个深空探测和地球卫星任务。由 ESA 和 JAXA 合作的 BepiColombo 水星探测任务于 2018 年发射升空，任务中两个探测器均采用太阳能电推进系统（T6 发动机），经过多次地球、金星和水星引力辅助后，预计将于 2025 年到达水星[5]。NASA 于 2021 年发射了 DART 探测器，采用化学–电混合推进系统，其中电推进采用 NEXT 发动机[6]，其于 2022 年以大约 $6.6\,\mathrm{km/s}$ 的相对速度撞击 Didymos 双小行星系统中较小的卫星 Dimorphos，该任务是人类首个行星防御实验任务。电推进技术不仅适用于轨道周期长、转移圈数少的深空探测任务，在环境更加复杂、轨道周期更短的地球卫星任务中同样适用，已广泛用于地球卫星位置保持和轨道转移任务，如地球重力场与稳态洋流探测器卫星（GOCE）、实践-9A 和实践-20 卫星[7]、Eutelsat 172B 卫星[8] 和 Boeing 702-SP 卫星平台[9-10] 等。"星链"星座将由具备电推进轨道机动能力的上万颗小卫星组成，构建这类由小卫星组成的具备灵活机动能力的星座是未来各国空间任务的发展趋势[11]。此外，利用太阳光压驱动的太阳帆任务也从任务设想逐步进入工程验证阶段，如 JAXA 的 IKAROS 任务、NASA 的 NanoSail-D 任务以及我国的 SIASAIL-I 任务[12] 等。

未来，核电推进、太阳帆等新型推进系统的技术突破和性能提升将会进一步推动空间探测活动的发展。我国也在积极加快新型推进系统的研制，缩小和国际顶尖水平的差距，以期在未来大量地球卫星、各大行星探测和小行星探测任务实施中降低燃料消耗，提升经济效益。随着电推进航天器的增多，相应的轨道设计与优化至关重要。在复杂多样的空间环境下，面向不同的空间目标采用不同机动方式，轨道动力学规律也有所差异，轨道设计与优化则要充分利用系统的动力学特性，以最小的资源消耗实现特定的任务目标。例如在 1984 年，Robert Farquhar 创造性地借用即将退役的国际日地探测卫星 3 号（ISEE-3，后更名为国际彗星探测器，ICE）进行了人类第一次彗星近距离观测，该探测器原计划于2014 年回到近地轨道，虽点火失败但仍成为空间探测史上的传奇[13]。2005年，ESA 发起了第 1 届国际空间探测轨迹优化大赛（Global Trajectory Optimisation Competition，GTOC），旨在提升航天任务设计水平和轨迹优化能力。受 GTOC 的启发，2009 年我国开始举办中国空间轨道设计竞赛（China Trajectory Optimisation Competition，CTOC）。至 2022年 7 月，两项赛事均已举办 11 届，其参赛队伍和面对的任务场景有所不同，但均取得了一系列的技术突破和方案成果[14]。

与离散的脉冲机动方式不同，电推进发动机持续地作用于航天器，产生连续推力轨迹。在一般情形下，连续推力的大小和方向是待优化的复杂非线性函数，连续推力作用的轨道动力学方程难以解析积分，这些问题使得其轨迹优化更加困难。如表 1.1 和表 1.2 所示，在以往数届GTOC 和 CTOC 中（尤其是 2005—2015 年的竞赛）连续推力轨迹优化问题均有涉及。竞赛举办至今，清华大学团队优化单条轨迹的计算耗时已从数天降至几十毫秒，并获得了 GTOC11 的冠军。然而，连续推力轨迹优化仍有一系列难题急需解决，这类优化问题的求解大多依赖于数值优化方法，能否得到最优解依赖于初值的好坏，在任务设计中数值优化的适应性和计算效率均有所不足；大行星附近的多圈连续推力轨迹非线性强，多圈的轨道积分和优化造成计算负担重，同时轨迹的最优性难以保证。

表 1.1　含连续推力轨迹优化的各届 GTOC 及简介

GTOC	时间	题目	问题简介
1	2005 年	Asteroid deflection	多次引力辅助小行星撞击
2	2006 年	Multiple asteroid rendezvous	多次引力辅助多目标交会
3	2007 年	Multiple sample return	多次引力辅助多目标采样返回
4	2009 年	Asteroids billiard	多次飞越和末次交会
5	2010 年	Penetrators delivered	多目标小行星撞击和交会
6	2012 年	Galilean moons global mapping	木卫遍游飞越探测
7	2014 年	Multi-spacecraft exploration	多航天器多目标交会
8	2015 年	Long-baseline interferometry mapping	地月空间三星 VLBI 观测
11	2021 年	"Dyson Sphere" building	多航天器戴森球建造问题

表 1.2　　含连续推力轨迹优化的各届 CTOC 及简介

CTOC	时间	问题简介
1	2009 年	近地小行星采样返回
2	2010 年	火星和多目标探测
3	2011 年	多目标多任务行星和小天体探测
4	2012 年	多目标多任务小天体探测
5	2013 年	载人近地小行星探测
6A	2014 年	多体引力场中近地小行星取样返回
7B	2015 年	近地轨道卫星编队重构任务
8A	2016 年	多目标太阳同步轨道空间碎片清除

本书研究连续推力轨迹优化的协态初值估计与同伦延拓方法,在间接法的理论基础上进行新的理论分析,发展新的优化方法,解决间接法的初值敏感性、多圈轨迹强非线性和局部最优解众多等核心问题。针对间接法的初值猜测,从理论角度分析协态变量和轨道之间的映射关系,初步解决协态变量无明确物理意义这一难题;发展可以解析初始化的同伦延拓方法,建立解析解到最优解之间的联系。针对多圈轨迹强非线性问题,分析多圈轨迹的典型特征,建立合适的近似模型和优化问题,初步刻画局部解的规律。本书在上述目标的指导下以期发展高效、稳健的间接优化方法,提高轨迹优化能力,服务于高水平的任务设计,为未来电推进或太阳帆航天器的任务实施提供有效的理论支撑和方法支持。

1.2　研究现状综述

在连续推力轨迹优化问题中,控制可以在所考察的全过程中持续存在,连续地影响受控对象的状态,经典的"最速降线问题"即是一个典型的例子[15]。这一类问题的目标是寻找某个轨迹,在满足某些初始和末端时刻边界条件以及过程中路径约束的同时,使某性能指标达到最小(或最大)[16]。轨迹描述了全过程中系统的状态,满足所有条件的轨迹是该问题的可行解,具有最小性能指标的可行解称为"最优解"。本书所考虑的受控对象为连续推力作用下的航天器[16],系统的动力学微分方程根据具体问题的不同稍有差异。随着连续推进系统的不断发展与应用,国内外学者已在连续推力轨迹优化领域开展了丰富的研究，主要的推力模型为定比冲定推力模型[17-20]、变比冲模型[21-24] 以及太阳帆模型[25-28] 等；所处的动力学环境主要有太阳中心引力场[26,29]、地球中心引力场[30-32]、小行星附近不规则引力场[33-35] 以及限制性三体引力场[36-38] 等。本节首先介绍连续推力轨迹优化方法的研究现状，然后依次介绍间接法中的协态初值猜测和同伦延拓方法的相关研究，最后介绍连续推力多圈轨迹优化方法的研究现状。

1.2.1 连续推力轨迹优化方法

连续推力轨迹优化问题本质上是一个最优控制问题，此问题可以利用变分法或极大值原理[39] 推导一阶必要条件[40]，构造求解算法进行求解，以此为基础发展的方法统称为"间接法"[41-43]。此方法可以用协态变量表达出理论上的最优控制规律，得到某类问题解的一般规律，如燃料最优控制通常为砰砰控制[44]、时间最优控制为推力满推[45] 等。因此，求解满足一阶必要条件的协态变量即可得到相应的最优控制规律和最优轨迹。与之相比，另一类方法称为"直接法"[46-48]，其通过引入离散网格将连续优化问题离散化后建模为非线性规划问题（nonlinear programming，NLP）进行求解。此方法构造简单、形式统一，可以处理复杂约束，但通常需要大量的优化变量来精准刻画连续优化问题[41]。在数值求解时，直接法数值迭代的目标是直接最小化（或最大化）性能指标函数，而间接法则是为了求解满足一阶必要条件的协态变量，两种方法的命名体现了这两种求解思路上的区别。此外，混合法[49-50] 将协态变量与状态变量一同离散化，并建立非线性规划问题进行求解，用协态变量表示最优控制，在一定程度上减少了优化变量个数，提升了计算效率，但在一般问题的应用上少于前两种方法。动态规划[51] 和进化类算法[41] 在连续推力轨迹优化方面也有一些应用研究。下面主要介绍直接法和间接法的研究现状。

1.2.1.1 直接法

直接法的构造形式和种类较多，但其基本思想是引入离散网格，按照网格节点值离散控制变量和/或状态变量，将动力学微分方程、边界条件和路径约束转化为离散变量的代数约束条件，从而使连续轨迹优化问题建模为大量离散变量的非线性规划问题。非线性规划问题的求解通常采用大规模参数优化求解器，如 SNOPT[52]、NPSOL[53] 和 IPOPT[54] 等。按照求解方法的不同，直接法通常分为直接配点法（direct collocation method，又称"直接转录法"，direct transcription method）和直接打靶法（direct shooting method），直接打靶法又分为单步打靶法和多步打靶法[55]。具体而言，配点法根据网格节点离散控制和状态变量，采用数值微分方法将微分方程转化为代数约束方程，此方法对应的常用轨迹优化软件为 GPOPS[56] 和 DITAN[46] 等；而打靶法在区间内只离散控制变量，采用数值积分方法将微分方程转化为代数方程，单步打靶法考虑终端状态约束，而多步打靶则考虑多个子区间的终端状态约束，常见的软件为 GALLOP[57] 和 MALTO[58]。

　　直接法中配点法的研究较多，根据数值微分格式的不同发展了各类配点法[16]。例如，在离散控制和状态变量后，可以采用欧拉格式或中心差分格式构造代数约束[59]。Hargraves 等[60] 使用三次埃尔米特插值将微分方程约束转化为网格中间节点处的代数约束，整理得到代数约束即为辛普森公式，该方法称为"埃尔米特–辛普森方法"。代数约束的形式为隐式积分公式，各类不同数值微分格式下的配点法具有不同的隐式积分公式[61]。Herman 等[62] 提出了高阶的高斯–洛巴托方法，使用了非均匀的网格构造形式，在相同个数的离散网格下具有更高的近似精度。Coverstone 等[63-64] 提出了微分包含方法，将配点法中显式的控制变量移除，大幅减少了优化变量的个数，求解了地球–火星定比冲问题、地球–金星–火星变比冲引力辅助问题。Fahroo 等[65] 以切比雪夫正交多项式的零点决定离散网格点，并将它们作为高斯积分点，提出了切比雪夫伪谱法。伪谱法是一类特殊的配点法，相比基于差分格式的配点法，其通常具有更高的计算效率。依据正交多项式和积分点的不同，文献中提出了不同形式的伪谱法[66-67]。除配点法的研究外，Conway 等[61,68] 使用数值积分方法，以较少的区间个数构造多步打靶法，由于控制变量的网格节点个数是状态变量离散节点个数的数倍，该方法容易处理控制变量变化显著快于状态变量的问题。Huntington 等[69] 对比了不同区间个数的直接打靶法的仿真精度和计算效率。此外，将控制变量参数化[70-72]、用协态表示控制律[49] 或基于李雅普诺夫反馈控制[73] 等方法可以进一步降低优化变量的个数，但这些方法仅能求解预设控制律下的近优解，复杂控制律的参数化表示困难且需要较多参数才能逼近最优解。

直接法的构造不依赖于最优控制问题的一阶必要条件，提高了处理复杂问题的稳健性，同时不必引入并离散协态变量，降低了待优化变量的个数，但无法保证结果的最优性。在伪谱法中，乘子等价映射给出了非线性规划问题和最优控制问题的一阶必要条件的等价性[74]，因此可以由伪谱法优化结果给出协态变量的离散值。直接法的初始化仅需要提供相对容易给出的状态和控制变量的初值，具有较好的收敛特性，同时稀疏非线性规划问题求解器的发展也进一步为直接法的求解和应用提供了良好的工具。直接法不需要推导最优控制规律和复杂的协态微分方程，程序实现简单，能够处理复杂的约束条件，容易改变部分条件重新计算，并且不明显依赖于良好的初值猜测[16]。但是，直接法的求解（或非线性规划问题的求解）仍然依赖于初值的好坏，在实际计算中合理而准确的初值猜测是必须的，问题的离散化也导致仅能求解节点处控制和状态的值，精度依赖于网格个数，且无法精确表示砰砰控制[75-76]。通常可以用精度较低（或网格较少）的方法的结果作为初步解[46]（如形函数方法[77-78] 和 Sims-Flanagan Transcription（SFT）方法[79] 等），并以此为初值进一步求解高精度的最优解。

1.2.1.2　间接法

间接法的理论基础是变分法[80]，引入协态变量和待定乘子（均为拉格朗日乘子法中的乘子）将最优控制问题转换为泛函极值问题，依据变分法或极大值原理给出一阶必要条件（包括欧拉–拉格朗日方程、最优控制、各个静态条件和横截条件等），具体推导过程可以参考文献 [15]。据此，最优控制问题可以转化为两点边值问题（two-point boundary value problem，TPBVP）或多点边值问题（multi-point boundary value problem，MPBVP）[81-82]，进一步采用非线性方程求解算法进行求解。常用的求解方法为单步打靶法，即假设初始状态和协态给定，在最优控制下积分状态和协态微分方程得到终端时刻的状态和协态，迭代求解合适的初始协态等打靶变量使所有一阶必要条件最终得到满足，大多数求解器（如 SEPTOP[83]）采用了这种方法。

在一阶必要条件中，最优控制由极大值原理给出，当控制力大小和方向无约束时，最优控制选取使哈密顿函数对控制偏导数为零的值；而当控制力大小或方向有约束时，则需要通过哈密顿函数得到切换函数（switching function），通过判断切换函数值来确定最优控制的取值。当出现奇异情况时，利用摄动法或将切换函数作为约束[84]等方法，可以确定最优控制规律，但此种情况出现较少，一般无须考虑。若进一步考虑解的最优性，Jo 等[85] 提出了利用二阶充分条件判断最优解的方法，但在现有研究中，通常认为求解得到满足一阶必要条件的解即为最优解[17,86]。当存在路径约束时，需要引入互补松弛条件和刚性条件[87]进行求解，此时间接法的构造十分复杂[88]，相比之下直接法更具优势。在打靶求解时，非线性方程组依赖于数值迭代方法[89]，通常难以求解，原因主要有以下三点：① 数值迭代需要合理的初值猜测，而协态变量的物理意义并不明确，难以估计它们的正负和量级；② 较少的打靶变量和问题本身的复杂性使得问题的求解对协态变量初值极其敏感；③ 对某些受约束的问题，控制量和协态均可能存在突变，进一步增加了数值积分和求解的难度[16,90]。

间接法的研究主要集中在协态初值猜测[91]、切换函数检测[92]、雅可比矩阵的求解[93] 以及砰砰控制的平滑化[86] 等方面。其中协态初值猜测中部分方法可以直接给出协态的估计值，也称为"协态初值估计方法"。Pontani 等[94] 采用粒子群优化算法优化性能指标和边界条件，求解了地球–火星交会问题。Casalino 等[95] 采用遗传算法结合间接法搜索最小化边界条件的协态初值估计值，进一步采用梯度类算法打靶求解。Russell[38] 采用协态–控制变换（adjoint-control transformation，ACT）[96] 提供初值，采用主矢量方法求解了圆形限制性三体问题中的轨迹优化问题。协态初值猜测方法的详细研究将在 1.2.2 节中再次介绍和分析。Jiang 等[17] 给出了笛卡儿坐标系下采用龙格–库塔定步长积分时的切换函数检测方法，并进一步扩展应用到变步长积分中[97-98]。Topputo 等[36] 采用解析雅可比矩阵代替数值差分近似，提高了算法的稳健性和仿真精度。Casalino 等[99] 预设了推力弧段求解燃料最优问题，对比了选取固定弧段和优化弧段参数的仿真效果，此方法简化了原优化问题但难以保证结果的最优性。Haberkorn 等[100] 使用同伦延拓方法以能量最优问题的解作为初值，通过同伦参数的数值迭代逐步求解燃料最优问题，避免了预设控制律的问题。Gergaud 等[101] 运用同伦延拓方法研究了连续推力轨迹和脉冲轨迹的联系和对比；Pan 等[102] 进一步研究了同伦函数的零点路径跟踪问题；Taheri 等[20,103] 进一步扩展了同伦函数的形式。同伦延拓方法的详细研究进展将在 1.2.3 节中介绍。

此外，在求解初值敏感问题时，为避免长时间的积分所带来的误差累积，可以采用多步打靶法求解，以增多打靶变量的个数为代价降低积分区间的长度。该方法在一定程度上减小了初值敏感性，但增加了猜测变量的个数以及非线性方程的维度。Park 等[104-105] 根据哈密顿–雅可比理论，通过构造生成函数和正则变换，得到一般边界条件下的最优反馈控制律及其最优轨迹，该方法依赖于生成函数的构造，难以在一般非线性轨迹优化问题中应用。相比直接法，间接法可以保证一阶必要条件并给出最优控制规律，打靶变量个数较少。但是，间接法的初值猜测十分困难，难以应对复杂约束，改变边界条件后一阶必要条件需要重新推导。

1.2.2　间接法协态初值猜测研究

直接法和间接法均依赖于数值迭代方法求解，虽然两者所考虑的变量和所采用的求解算法均不同，但均需要提供相应的初值猜测[106]。本节首先介绍一些解析轨迹优化方法，通常这些方法均对非线性问题做了一定简化，如固定推力方向[107-108] 或限制在近圆轨道[109-110] 等。解析解可以快速求解，既能简单地为直接法提供初值猜测，也可以和数值优化方法结合进行全局设计。间接法的协态变量一般无法由解析解直接给出，其初值猜测需要一定的技巧。

当初始轨道为圆轨道时，Tsien[111-112] 首先提出了常值径向推力下的显式解析解和常值周向推力下的近似解。针对椭圆初始轨道的常值径向推力问题，Prussing 等[107] 用势能的方法分析了航天器径向位置的变化规律，并给出了逃逸条件；Mengali 等[113] 进一步分析了该方法在椭圆初始轨道任务中的应用。Battin[112] 给出了以椭圆积分表达的显示解；Mengali 等[114] 给出了基于傅里叶级数展开的解析解。Bombardelli 等[115] 用渐近展开的方法，给出了此问题的近似解；Izzo 等[116] 引入新的状态变量构造了此问题的显式解析解。针对常值周向推力问题，Quarta 等[117-118] 用摄动法研究了此问题下的近似解，讨论了近似解在圆和椭圆初始轨道条件下的应用。针对切向推力问题，Benney[119] 探讨了常值推力下的逃逸问题，给出了近似解；Boltz[108] 求解了推力大小与引力之比为常数的问题。Bombardelli 等[120] 采用渐进展开的方法提出了常值切向推力的一阶近似解；Roa 等[121] 给出了切向推力与轨道半径成平方反比问题下的解析解。

上述解析方法均预先假设了推力形式，通常不考虑轨道转移或交会问题的边界条件。Edelbaum[122] 考虑异面圆轨道间的恒定加速度转移问题，假设每圈推力方向角恒定，推导了该问题的解析速度增量和飞行时间。Kechichian[109] 用最优控制理论研究了 Edelbaum 问题的时间最优转移，推导了半长轴、倾角以及控制力方向随时间变化的解析表达式。Casalino 等[123] 减少了 Edelbaum 方法的简化条件，研究了不同推力模型下的转移估计问题。Kluever、Casalino 和 Kechichian 等[124-126] 分别研究考虑地球阴影区情况下的 Edelbaum 问题。此外，Ruggiero 等[127] 分析了改变单个轨道根数的最优控制方向；Gao[50] 给出了轨道平均化模型下轨道转移或交会问题近优解析控制律的参数化描述。

形函数方法在处理一般情形下的行星际交会和转移问题时更为有效。Bacon[128] 首先提出了对数螺旋线形式的连续推力轨迹，推导了沿轨迹运动航天器的加速度表达式。Petropoulos 等[77] 提出了用指数正弦函数设计连续推力引力辅助轨迹的方法，Izzo[129] 随后研究了该形函数形式下兰伯特问题的解法。Vasile 等[130-131] 提出了春分点轨道根数形函数法求解引力辅助问题，并分析了该方法的最优性。Wall 等[132] 提出了分别用 5 次或 6 次逆多项式函数设计连续推力轨道转移和交会的方法，该法适宜处理行星际近平面问题，随后对小倾角情形进行了修正[133]。Taheri 等[37,134-135] 采用傅里叶级数方法研究了二维和三维轨道设计与优化问题；Novak 等[136] 探讨了形函数构造方法的一般形式，并提出了球坐标形式的形函数方法，Xie 等[137] 进一步研究了该方法对大倾角问题的应用。Zeng 等[138] 提出了轨道根数插值的方法，探究了轨道安全性问题；Huo 等[139] 研究了电帆模型下的贝塞尔曲线形函数近似；Bassetto 等[140] 探讨了已知轨迹时推进系统的参数设计。

在上述初步设计方法的基础上，间接法的协态初值猜测方法大致有如下几类：一是使用合理的猜测策略限制协态变量变化范围；二是构造轨道和协态变量之间的关系；三是借助优化算法估计协态值。Grigoriev

等[141] 在性能指标中添加了正的乘子,而不改变最优控制问题的性质,使哈密顿函数是协态变量的齐次函数,从而添加归一化条件;Jiang 等[17] 进一步提出了协态归一化技术,使协态变量归一化到单位球面上,并使用相应的三角函数构造随机猜测方法,提高了猜测的成功率。Taheri 等[20] 使用人为选定初始质量协态的方法,减少了待求协态变量的数目,在一定程度上提高了随机猜测的收敛率。Chen 等[82] 研究了多次交会问题与单段问题的协态变量变换关系,提出了利用单段解估计求解多次交会问题的方法。Yue 和 Lu 等[43,142] 研究了时间自由问题中静态条件的作用,构造了不含静态条件的打靶方程。在现有文献中,猜测策略的实施一方面依赖于多次随机性,用多次猜测克服初值敏感性问题;另一方面依赖于对协态变量的理论分析,降低猜测的难度或者给出简单形式的解析解[45,143]。此外,理论分析可以构造轨道和协态变量之间的关系,将对协态的猜测转换为对轨迹和控制变量的猜测。Dixon 等[96,144] 提出了协态–控制变换方法,可以由控制量的猜测值确定协态;Yan 等[145] 利用初始时间附近的控制量猜测协态变量,研究了轨道转移问题。在初始时间附近,利用哈密顿函数为常数的特性也可以构造线性方程组求解协态变量[146]。Lee 等[147] 基于已知协态规律的螺旋线轨道提出了协态初值猜测方法。Taheri 等[148] 采用傅里叶级数形函数轨道结合协态–控制变换的方法探讨了协态初始化问题。Jiang 等[149] 将能量最优控制问题在形函数标称轨道附近线性化,以简化问题的解析协态作为估计。构造轨道和协态之间的关系可以快速根据上文介绍的解析解给出协态初值估计,而同伦延拓方法可以使所考察的问题简化得到某些解析解,进一步提升了这类估计方法的应用价值。Martell 等[150] 构造了辅助优化问题,在已知轨道状态和控制基础上,优化求解多步打靶法的协态初值估计。Seywald 等[151] 讨论了基于直接法优化结果估计协态变量的方法;Benson 等[152] 采用直接配点法优化轨迹,并给出了协态变量估计方法;Guo 等[74] 采用伪谱法求解轨迹优化问题,并估计协态变量。Jiang 等[17] 采用粒子群优化算法(particle swarm optimization,PSO)初步搜索满足边界条件和一阶必要条件的协态变量,提高了初值猜测的全局最优性和成功率。通常,基于优化方法的猜测成功率较高,但仿真较为耗时。

1.2.3 同伦延拓方法研究

同伦（homotopy）思想由来已久，当前轨迹优化研究中所用的同伦延拓方法起源于代数拓扑学中不动点问题的研究[153-154]。在数学本质上，同伦是从区间 $[0, 1]$ 到函数空间的连续映射，随着同伦参数 ϵ 从 0 变到 1，对应的同伦 $\rho(\epsilon)$ 连续地从函数 $\rho(0) = g$ 变到 $\rho(1) = f$[155]。同伦在文献中也称为"延拓"（continuation）、增量加载（incremental loading）或嵌入（embedding），本书不详细区分这几种称谓的异同，它们具有相同的基本思想：从较为简单或已知结果为 x_0 的问题 $g(x) = 0$ 开始，逐步改变 ϵ 的值，求解对应的问题 $\rho(\epsilon, x) = 0$，最终得到复杂的非线性问题 $f(x) = 0$ 的解。同伦延拓方法的理论研究可参考相关的数学论著[155-156]，其应用研究主要分为以下三个方面：① 简单问题 $g(x)$ 的构造；② 同伦中两个问题的耦合函数形式；③ 同伦 $\rho(\epsilon, x) = 0$ 的零点路径跟踪问题。

首先讨论同伦延拓方法研究中对简单问题的构造。Roberts 等[157] 在 1967 年提出了求解 TPBVP 的延拓方法，逐步增加末端时刻，并用之前收敛的结果作为初值猜测进行求解，最终得到了符合末端时间的较为复杂的 TPBVP 的解。大多数方法均采用这种改变某项关键参数的构造，使之更加简单。针对小推力、长时间的多圈问题，Caillau 等[158] 构造了大推力、短时间的简单问题，利用末端时间和推力大小的乘积接近常数的性质，提出了求解时间最优转移的同伦延拓方法；随后利用限制性三体问题中的小参数，同伦求解了时间最优问题[159]。Armellin 等[160] 将 J_2 项作为同伦参数，以无摄动的兰伯特问题的解作为初值，求解了 J_2 摄动下的兰伯特问题。在小天体附近，Yang 等[33] 将航天器动力学方程中的引力项作为同伦参数，构造了仅有推力作用的简单问题，求解了不规则引力场中的轨迹优化问题。另一类构造方法主要是为了处理砰砰控制问题[161]，得到更简单的连续化的问题。Ferrier 等[162] 讨论了地球阴影区引起的不连续控制的平滑化问题，研究了阴影区对转移轨迹的影响。Bertrand 等[86] 提出了处理砰砰控制的延拓方法，讨论了不同函数形式对砰砰控制的平滑作用。Haberkorn 和 Gergaud 等[100,163] 采用同伦延拓方法求解了燃料最优问题，讨论了同伦过程中零点路径的跟踪和多圈轨迹优化问题。Bai 等[76] 结合同伦延拓方法和伪谱法，初步求解确定砰砰控制的各个开关机时刻和协态的估计值。Guo 和 Jiang 等[17,74] 探讨了能量最优问题的初值猜测，并利用同伦延拓方法求解燃料最优问题。Taheri 等[20,103] 对比了不同平滑化函数和不同坐标描述下燃料最优问题的求解效率。

同伦延拓方法广泛应用于求解各种复杂非线性问题，例如时间最优轨道转移、飞越和交会问题[43]、燃料最优多圈轨道转移[164]、编队重构[165] 和四体模型中的轨道设计[166] 等。同伦设计的参数用于控制指标形式[17]、动力学模型[167]、边界条件[32]、问题关键参数[158] 和控制规律[103] 等。简单问题和复杂原问题之间的耦合通常为线性形式，即 $\rho(\epsilon, x) = (1 - \epsilon) g(x) + \epsilon f(x)$。同伦参数每步迭代的步长通常为 $[0, 1]$ 之间均匀的序列，或根据后文介绍的零点路径跟踪方法确定。在某些求解燃料最优问题的同伦延拓方法中，对数、指数或双曲正切函数等非线性函数经常作为平滑化函数使用[23,103,168]，此时简单问题和复杂原问题之间的耦合不再是常规的线性形式，同伦过程也需根据待求的问题与函数的规律进行调整[103]。

同伦过程中会出现不同情况的零点路径[155]，同伦的构造和零点路径的跟踪将显著影响同伦过程的成功与否和求解效率。常用的跟踪方法分为离散延拓方法、分段线性延拓方法和预测修正方法，其中离散延拓方法直接将上一步的结果作为下一步的初值，通常仅能处理简单的零点路径情况；分段线性延拓方法也称"单纯形方法"，使用分段线性估计同伦过程零点，未使用梯度信息；预测修正方法则使用梯度信息预测下一步同伦问题的初值猜测，Haberkorn 等[100] 采用预测修正方法跟踪零点路径，求解了燃料最优问题。Pan 等[102] 提出了针对零点路径中出现驻点等复杂情况时的双同伦延拓方法，提升了对复杂同伦过程的处理能力。此外，合理的同伦构造可以避免零点路径趋向无穷远的情况[155,169]，Pan 等改进了求解时间最优问题中质量的动力学方程[170]，提高了同伦的收敛率。

同伦延拓方法可以以简单问题的解为初始值，逐步求解复杂的非线性问题，为复杂问题的简化和求解提供了途径，提高了数值求解的效率和稳健性。针对具体问题，简单问题的构造通常与原问题高度相关，在构造前需要了解该问题的规律特性。简单问题的求解和同伦过程中零点路径的跟踪需互相权衡，两者共同决定了原问题能否快速求解。此外，同伦延拓方法的构造形式自由，国内外学者已有较多研究，各方法互有优劣。该方法仍存在着一些问题有待解决，如间接法的初值猜测十分困难，简单问题的解析解通常难以给出；同伦过程需要多次打靶求解 TPBVP，相较于在已有良好初值情况下的直接打靶求解，同伦算法的效率较低。

1.2.4 连续推力多圈轨迹优化方法

随着电推进技术的发展，其应用场景日益广泛。在大行星附近，电推进的推力较小，远小于中心引力，需要长时间的作用才能产生明显的速度增量；同时探测轨道的周期短，电推进作用的圈数多。因此，大行星附近的连续推力轨迹优化问题是一类典型的多圈问题。

求解多圈问题的一类常用方法为解析法或半解析法。Edelbaum[122]方法可以解析求解估计近圆轨道间转移的速度增量，Kechichian[109]进一步提出了以时间为自变量的时间最优问题解析解，并给出了半长轴和倾角随时间的变化规律。后续的研究考虑了阴影区[124,126]和J_2摄动[171]的影响，具体文献可以参考 1.2.2 节间接法协态初值猜测研究中有关解析法的介绍。Edelbaum 方法中每圈计算均建立在平均模型的基础上，不考虑单圈内的轨道根数变化，不适用于轨道交会问题；Wiesel 等[172]使用瞬时轨道根数描述近圆轨道转移问题，根据快慢变化的不同考虑了单圈内和整个转移段的优化问题，从而可以考虑质量变化，在解析单圈解的基础上采用数值算法优化整个转移段。

在数值优化方面，求解多圈问题所采用的方法与本节第一部分的介绍类似，但多圈问题的轨道圈数多、摄动力复杂等因素使得求解更加困难。通常，高精度模型下的求解计算效率较低且需要良好的初值，而低精度的求解则具有较高的仿真效率和良好的稳健性。轨道平均化方法[49,164,173]通过忽略单圈内轨道根数变化显著降低了问题的复杂程度，在低精度模型下的数值优化中应用广泛，该方法通常忽略短周期的变化，因此动力学和微分方程的积分步长可以取得较大。Geffroy 等[173]采用间接法结合轨道平均化方法求解了多圈时间和燃料最优交会问题，考虑了柱形阴影区、J_2摄动和推力方向约束问题。其中J_2摄动的影响可以解析积分[31]，航天器相对柱状阴影区的进出点可以通过解析求解一元四次方程得到[174]，推力方向角的约束可以通过变分法得到切换函数。Wu 等[31]提出了轨道平均化模型下以真经度为自变量的间接法，可求解时间最优转移问题并给出了快速交会点求解方法。Kluever[49]以离散点的协态值为优化变量，使用较少的变量个数，考虑了混合法结合轨道平均化方法的快速优化问题。Gao[50] 结合近优控制律和轨道平均化方法，在直接法的框架下求解时间和燃料最优问题。当考虑较高模型精度时，间接法需要高精度积分瞬时轨道根数，数值积分和迭代的效率较低，而直接法则需要大量的离散变量保证解的精度，通常需要大规模运算。Haberkorn 等[100] 使用间接法结合同伦延拓方法求解了 754 圈的燃料最优交会问题，仿真时间约为 7 h，Wu 等[32] 进一步采用多次同伦延拓方法提高了间接法的求解效率。随着轨道圈数的增多，问题的非线性明显增强，间接法的初值敏感特性进一步放大，因此一般需要构造合理的初值猜测和同伦延拓方法以提高间接法的收敛率和求解效率。Scheel 等[175] 采用多步并行打靶法求解了上百圈时间最优共面轨道转移问题，相应的非线性规划问题具有上千个优化变量和上百个约束方程。Betts[176] 使用直接配点法求解了具有 152593 个优化变量和 110974 个约束的优化问题，需要 SGI Origin 2000 服务器计算约 62 min。考虑地球阴影区时，Betts[177] 以类似的方法和离散规模求解了该问题，由于此时计算机技术的进一步发展，仿真约需要个人台式计算机运算 17.5 min。Graham 等[19,178] 采用伪谱法计算了上千圈转移的时间最优问题，并对最优性进行了讨论和验证，但未说明仿真耗时。Aziz 等[179-180] 采用微分动态规划算法并引入 Sundman 变换研究多圈问题，将自变量变为真经度，加快了计算过程，优化了上千圈的轨道转移问题，但通常仿真需要数小时，计算十分耗时。直接法常常需要大量的离散点，非线性规划问题求解的计算量相比仅有数圈的情况显著增加，计算负担较重，优化较为耗时。

　　另外，多圈轨迹优化问题中也可以使用参数化方法。单独使某一轨道变化最快的控制律可以解析推导，Kluever[71] 使用上述解析控制律的线性组合的形式确定推力方向，人为设计简单的反馈控制律，得到轨道转移近优解。Falck 等[181] 重新设计提出了非线性组合的形式，增加了人为设计参数以提高机动的效率。这类参数化设计反馈控制律可以实现到目标的轨道机动，得到近优解并具有较高实时性，通常作为制导算法或初始设计方法使用。利用李雅普诺夫稳定性理论，可以设计李雅普诺夫函数（或称"V 函数"）实现到目标状态的渐进稳定反馈控制[72-73]。Chang 等[182] 采用角动量矢量和偏心率矢量设计 V 函数，给出了椭圆轨道间转移的反馈控制律；Petropoulos[72-73] 提出了 Q-law 形式的 V 函数，加入了机动效率参数和各个系数因子，给出了地球同步转移轨道（geostationary transfer orbit，GTO）至地球静止轨道（geostationary orbit，GEO）的近优轨道生成方法。杨大林等[183] 和田百义等[184] 分别针对地球轨道多圈转移，提出了基于李雅普诺夫反馈控制策略和基于远地点高度不变的解析控制策略。

总体来讲，多圈问题的研究和一般数圈的问题类似，大体的求解思路相同，但多圈问题的特性导致了独特的解析和近似方法。由于电推进推力远小于中心引力、轨道单圈内变化缓慢，合理的简化为任务的初始设计和优化方法的初值猜测提供了方便。但多圈问题的求解仍存在一定的困难：直接法研究较多，能够处理上千圈的轨迹优化问题，但需要较多的网格节点保证求解的精度，仿真一般较为耗时；轨道平均化方法的应用大幅度提高了计算效率，但降低了模型精度；间接法对协态初值十分敏感，难以处理复杂约束，研究较少；基于李雅普诺夫反馈控制的方法存在着参数设计困难的问题，仍需要参数优化使结果更接近最优解。

1.3　本书工作和创新点

1.3.1　本书工作

从 1.2 节的研究现状综述可知，连续推力轨迹优化间接法仍有许多问题需要研究解决：① 间接法中协态变量缺乏明确的物理意义，难以准确地猜测间接法的协态变量初值，收敛性困难的问题相比直接法更为突出，一般需要大量的尝试寻找合适的初值猜测，这是限制间接法效率的最关键的问题。② 同伦延拓方法的提出和发展使间接法可以从简单问题的解出发逐步求解复杂问题，降低了初值猜测的难度，但简单问题通常不具有解析解，仍需要多次尝试或预先优化寻找初值猜测，因此同伦延拓方法的初始化十分困难。③ 在求解高精度多圈轨迹优化问题时，间接法相比直接法具有优化变量少、保证局部最优性的优势，但多圈问题的强非线性使其初值猜测的困难更加突出，传统间接法的收敛率和计算效率均较低，此外多圈问题的局部解众多，难以分析全局最优性。针对以上三个问题，本书对连续推力轨迹优化间接法的协态初值估计和同伦延拓方法开展了系统深入的研究，包括以下内容：

第 1 章介绍了连续推力空间探测的发展历史，讨论了连续推力轨迹优化的研究意义，分析了间接法优化及多圈问题的难点和本书研究的意义，综述了连续推力轨迹优化、协态初值猜测、同伦延拓方法以及连续推力多圈轨迹优化方面的国内外研究现状。

第 2 章研究连续推力轨迹优化中间接法的协态变量初值猜测问题。首先建立所考虑的具体最优控制问题，由间接法根据一阶必要条件将该问题转化为两点边值问题进行求解。基于近优标称轨道假设，讨论系统哈密顿函数的特殊性质和所有条件的分类，即线性等式部分和其他部分。按照由部分必要条件和近优标称轨道确定协态变量的策略，归纳具有普适意义的协态变量与标称轨道之间的映射关系。当初始协态变量可以完全确定时，采用最小二乘方法解析给出协态初值估计方法。针对行星际能量最优和时间最优交会问题以及月球燃料最优着陆问题的仿真算例表明，该方法可以采用多种标称轨道设计，针对多种问题均具有良好的猜测效果，相比于传统的依赖大量重复仿真随机猜测初值的方法，大幅提升了间接法的适应性和计算效率，初步解决了间接法中的协态初值猜测难题。

第 3 章研究间接法中的同伦延拓方法的初始化问题。首先建立由两个子系统（优化问题）组成的混合系统模型，其中子系统 1 为所要求解的原问题，子系统 2 为人为设计的简单问题，混合系统中两个子系统的比重由耦合函数控制。将同伦延拓方法和混合系统相结合，同伦参数作为耦合函数的控制参数使用，具有联系两个子系统的功能。提出了新的耦合函数形式，并推导该形式下的混合系统最优控制问题的一阶必要条件。针对燃料最优问题，建立线性化子系统 2，使用简单的标称轨道设计解析初始化协态变量，随后使用同伦数值延拓求解燃料最优问题（子系统 1）。针对地球至两个大倾角、大偏心率目标小行星的燃料最优交会问题，所提出的混合系统同伦延拓方法相比于文献中已有的两种同伦延拓方法，可以显著提升求解算法的初始化收敛率，进而提高了间接法求解得到燃料最优解的计算效率。

第 4 章研究时间最优多圈轨迹的间接法优化问题。首先建立地球附近高精度轨道动力学模型，考虑地球摄动和阴影区的影响，确定柱形阴影区的平滑化函数及参数选取。将动力学模型进行化简，利用 Sundman 自变量变换建立两个具有不同自变量的等价的近似模型优化问题，并推导它们之间的协态关系。其中之一可以和原问题联系起来，求解高精度模型下的时间最优解；而另一个可以进一步转换为末端真经度固定的近似优化问题的求解。采用混合系统同伦延拓方法可以快速求解末端真经度固定的问题，进一步分析最优时间和末端真经度之间的关系，使用割线法求解目标交会点，并逐步求解原问题。针对 GTO 到 GEO 在不同推力加速度条件下的交会问题，仿真验证了该方法具有比直接法和传统间接法更好的全局最优性和计算效率。

第 5 章研究燃料最优多圈轨迹的间接法优化问题。首先介绍燃料最优轨迹优化模型，利用指标的同伦将燃料最优问题同能量最优问题联系起来以平滑化砰砰控制，利用动力学模型的同伦将轨道动力学模型进行化简。同样采用 Sundman 自变量变换建立两个具有不同自变量的能量最优控制问题，推导其协态关系。通过末端时间约束的同伦将末端边界条件进行转换，构建末端时间自由、真经度固定的能量最优问题。仍采用混合系统同伦延拓方法实现协态变量的解析初始化，原燃料最优问题可以通过时间约束、动力学模型以及指标的多次同伦逐步迭代求解。针对 GTO 至 GEO 的燃料最优交会问题，仿真表明该方法具有较高的收敛率，有效克服了多圈燃料最优轨迹优化的初值敏感问题，可以求解数百圈具有大量开关机的燃料最优问题。

第 6 章对本书工作进行了总结，并对间接法轨迹优化理论及其在多圈轨迹优化问题中的进一步应用进行了展望。

1.3.2　主要创新点

本书的创新点如下。

1. 建立了协态变量与标称轨道的映射关系，解决间接法的协态初值猜测问题。本书分析归纳了部分一阶必要条件和哈密顿函数是协态变量线性函数的性质；推导了协态变量与标称轨道的线性映射方程；提出了解析估计协态变量初始值的方法；仿真验证了该方法的有效性和普适性。

2. 提出了混合系统同伦延拓方法，解决间接法中同伦延拓方法的初始化问题。本书建立了带同伦参数的混合系统模型；归纳了传统同伦延拓方法在该模型下的表达，拓展了简单问题以及耦合函数的构造形式；给出了具有解析协态初值的简单问题以及燃料最优问题的同伦求解算法；仿真验证了该方法的解析初始化效率。

3. 提出了多圈时间最优轨迹优化方法，提升了间接法的最优性和计算效率。针对多圈轨迹优化的初值猜测敏感和多局部解的问题，本书简化给出了近似模型下的三个简单问题；分析了最优转移/交会时间和末端真经度之间的对应关系；给出了最优交会点和原高精度问题的快速求解算法；仿真验证了该方法的最优性及其较高的计算效率。

4. 提出了多圈燃料最优多次同伦算法，提升了间接法的收敛率。针对多圈燃料最优问题，本书提出了基于解析协态初值估计的多次同伦延拓方法；发展了模型同伦、Sundman 自变量变换、末端时间约束同伦等简化多圈轨迹优化问题的方法；仿真验证了该方法求解数百圈问题的收敛率。

第 2 章 协态变量与标称轨道的映射关系

2.1 本 章 引 论

本章研究连续推力轨迹优化中间接法的协态变量初值猜测问题。连续推力的轨迹优化要求针对航天器这一受控系统设计过程中推力的大小和方向，从而使航天器在满足状态和控制约束的条件下于终端时刻到达目标集，并且使性能指标达到最大或最小，这是一类典型的最优控制问题。直接法和间接法是求解此问题的两类主要方法，其中直接法将最优控制问题离散化，转化为非线性规划问题，采用大规模参数优化算法进行求解，其结果的最优性可以由 KKT 条件后验验证；而间接法利用最优控制问题的一阶必要条件构造两点边值问题，采用打靶法进行求解，其结果的最优性自动满足一阶必要条件。通常而言，两种方法均需要提供初值，参数优化算法需要提供离散点处状态和控制变量的初值，打靶法则需要提供打靶变量的初值，打靶变量通常包括协态变量的初始值、飞行时间和某些待定拉格朗日乘子。相比于直接法，间接法求解所需的变量个数更少，可以用协态变量解析表达出最优控制律的数学形式，但求解的成功与否更依赖于对打靶变量的初值猜测的准确程度。

现有研究中，克服间接法对初值敏感的方法主要分为两类。一类致力于增大求解算法的收敛域，减小算法对初值的敏感程度，例如使用更为准确的解析梯度矩阵（雅可比矩阵）代替对梯度的数值估计[36]，增加开关机切换点的检测以提高数值积分不连续函数的精度[17]。同伦方法利用具有较大收敛域的简单问题的解[17,20,103]，可以迭代求解复杂的原问题。轨道平均化[49]和近优解析控制律[50]等方法简化了原问题的复杂程度，在一定程度上增大了算法的收敛域。第二类方法则致力于准确地猜测打靶变量的初值，尤其是准确猜测无明确物理意义的初始协态变量的初值。例如在一定范围内猜测初始协态变量以提高猜测成功的概率[17,103]，将初始协态变量同具有明确物理意义的控制量和开关机切换点联系起来以提高猜测的合理性[38,96]，但这类方法一般依赖于多次尝试，计算效率较低。针对某些特定的轨迹优化问题，如共面圆轨道间的转移问题[143]、常值引力场中能量最优着陆问题[185] 等，初始协态变量可以近似解析求解。对于更一般的情形，时间最优和线性化能量最优轨迹优化问题的初始协态变量可以借助标称轨道估计[148-149]。这类解析猜测方法可以提供能够收敛的初始协态变量初值，具有更高的计算效率，但目前仅有部分特定问题具有近似解析解，仍缺乏对任意指标下轨迹优化问题的初值解析估计方法。

　　本章深入分析了最优控制问题的一阶必要条件，建立了具有普适意义的协态变量与标称轨道之间的映射关系，借助标称轨道为间接法提供合理的初值估计，以提高算法的收敛率和适应性。本章首先建立连续推力轨迹优化模型，简单介绍了本章所考虑的最优控制问题及其间接法求解方法。根据对所有一阶必要条件的分析和分类（即线性等式部分和其他部分），提出了由部分必要条件和近优标称轨道确定协态变量的策略。针对初始协态变量可以完全确定的情形，采用最小二乘方法解析给出了协态初值估计方法。最后使用行星际能量最优和时间最优交会问题以及月球燃料最优着陆问题对所提出的协态初值估计方法进行验证，仿真表明该方法可以采用多种标称轨道设计，针对多种问题均具有良好的估计效果，大幅提升了间接法的适应性和计算效率。

2.2　连续推力轨迹优化模型

2.2.1　动力学模型和最优控制问题

　　在二体模型下，考虑连续推力作用下航天器的运动，轨道动力学和燃料消耗方程为

$$\dot{\boldsymbol{\xi}} = \boldsymbol{F}\left(\boldsymbol{\xi}, \boldsymbol{u}\right) = \begin{bmatrix} \dot{\boldsymbol{x}} \\ \dot{m} \end{bmatrix} = \begin{bmatrix} \boldsymbol{A}\left(\boldsymbol{x}\right) + \dfrac{T_{\max}}{m}\boldsymbol{B}\left(\boldsymbol{x}\right)\tau\hat{\boldsymbol{\alpha}} \\ -\dfrac{T_{\max}}{I_{\mathrm{sp}}\,g_0}\tau \end{bmatrix} \tag{2.1}$$

式中 $\boldsymbol{\xi} = [\boldsymbol{x}^\mathrm{T}, m]^\mathrm{T}$ 为航天器的状态矢量，包括航天器的运动状态 $\boldsymbol{x}$ 和质量 m；推力控制矢量 $\boldsymbol{u} = \tau \hat{\boldsymbol{\alpha}}$ 由推力的大小 $\tau \in [0, 1]$ 及其方向 $\hat{\boldsymbol{\alpha}}$ 组成；$g_0 = 9.80665\,\mathrm{m/s}^2$ 是地球海平面的平均重力加速度。本书中，燃料消耗方程均采用定比冲模型，即推进系统的比冲 I_sp 和最大推力 T_max 均假设为定值，作为推进系统的特征参数预先给定。在实际应用中，依据具体的发动机参数，各类变比冲[21,23] 模型更加贴合工程实际。不失一般性，本书所采用的定比冲模型是一类常用的理想模型，并不影响后续的理论推导与验证。航天器的运动状态矢量 $\boldsymbol{x}$ 及动力学方程中的 $\boldsymbol{A}(\boldsymbol{x})$ 和 $\boldsymbol{B}(\boldsymbol{x})$ 的具体形式与航天器运动的描述方法有关，目前常用的描述方法所采用的坐标有直角坐标、柱坐标、球坐标、经典轨道根数和春分点轨道根数等。春分点轨道根数无奇异点，在二体模型下变化较为缓慢，在连续推力轨迹优化中取得了较好的效果[149]。采用春分点轨道根数描述法，运动状态矢量为 $\boldsymbol{x} = [p, f, g, h, k, L]^\mathrm{T}$，矢量 $\boldsymbol{A}(\boldsymbol{x})$ 和矩阵 $\boldsymbol{B}(\boldsymbol{x})$ 的具体形式为[176]

$$\boldsymbol{A} = \left[0, 0, 0, 0, 0, w^2\sqrt{\frac{\mu}{p^3}}\right]^\mathrm{T} \tag{2.2}$$

$$\boldsymbol{B} = \frac{1}{w}\sqrt{\frac{p}{\mu}} \begin{bmatrix} 0 & 2p & 0 \\ w\sin L & (w+1)\cos L + f & -g(h\sin L - k\cos L) \\ w\cos L & (w+1)\sin L + g & f(h\sin L - k\cos L) \\ 0 & 0 & s\cos L \\ 0 & 0 & s\sin L \\ 0 & 0 & h\sin L - k\cos L \end{bmatrix} \tag{2.3}$$

式中 $w = 1 + f\cos L + g\sin L$，$s = (1 + h^2 + k^2)/2$，$\mu$ 为中心天体的引力常数。

考虑如下轨迹优化问题，假设航天器的初末运动状态给定，初始质量给定，末端质量自由，即

$$\boldsymbol{x}(t_0) = \boldsymbol{x}_0, \quad m(t_0) = m_0 \tag{2.4}$$

$$\boldsymbol{x}(t_f) = \boldsymbol{x}_f \tag{2.5}$$

式中 t_0 和 t_f 分别为初始和末端时刻，对于行星际交会问题，两者给定[17]；对于动力着陆问题，末端时刻通常自由[186]。式 (2.4) 和式 (2.5) 代表了一类较为常见的航天器轨道转移的边界条件，本书各章均基于这类边界条件讨论间接法求解轨迹优化问题。轨迹优化目标为最小化

$$J = \int_{t_0}^{t_f} L\left(\boldsymbol{\xi}, \tau\right) \mathrm{d}\, t \tag{2.6}$$

对于具体问题，J 可以取为过程中的能量消耗[19]、燃料消耗[187]、飞行时间[19] 以及它们的组合等形式。因此，轨迹优化问题的动力学方程为式 (2.1)，边界条件为式 (2.4) 和式 (2.5)，优化指标为式 (2.6)。需要指出的是，上述的动力学方程右函数和指标函数对某些问题分别具有更一般的表达：$\boldsymbol{F}\left(\boldsymbol{\xi}, \boldsymbol{u}, t\right)$ 和 $L\left(\boldsymbol{\xi}, \tau, t\right)$，此时可以将时间作为新的一维状态量，并补充一维时间的动力学方程 $\dot{t} = 1$，即可把该问题转换为本章所给出的动力学方程和指标函数的形式。此外，本章只讨论了上述边界条件下的问题，由于间接法需要针对特定的边界条件推导相应的一阶必要条件，相较于直接法其通用性较差，在应用本书方法求解其他具有更复杂边界条件和约束的问题时，需要重新推导与验证。同时，间接法不依赖于动力学方程的具体形式，此处讨论一般性的动力学方程，因此可以方便地应用本书方法求解复杂动力学模型下的轨迹优化问题。

2.2.2　两点边值问题及打靶法

间接法根据前述最优控制问题的一阶必要条件，构造两点边值问题进行求解。首先，该问题的哈密顿函数为

$$
\begin{aligned}
\mathcal{H} &= \boldsymbol{\lambda}_{\xi} \cdot \boldsymbol{F}\left(\boldsymbol{\xi}, \boldsymbol{u}\right) + L\left(\boldsymbol{\xi}, \tau\right) \\
&= \boldsymbol{\lambda}_x \cdot \left[\boldsymbol{A}\left(\boldsymbol{x}\right) + \frac{T_{\max}}{m} \boldsymbol{B}\left(\boldsymbol{x}\right) \tau \hat{\boldsymbol{\alpha}}\right] - \lambda_m \frac{T_{\max}}{I_{\mathrm{sp}} g_0} \tau + L\left(\boldsymbol{\xi}, \tau\right)
\end{aligned}
\tag{2.7}
$$

式中 $\boldsymbol{\lambda}_{\xi} = \left[\boldsymbol{\lambda}_x^{\mathrm{T}}, \lambda_m\right]^{\mathrm{T}}$ 是状态矢量 $\boldsymbol{\xi}$ 对应的协态矢量。由于控制量 $\hat{\boldsymbol{\alpha}}$ 只出现在哈密顿函数的一项中，因此为最小化哈密顿函数，最优控制取为

$$\hat{\boldsymbol{\alpha}}^{\star} = -\frac{\boldsymbol{B}^{\mathrm{T}}\left(\boldsymbol{x}\right) \boldsymbol{\lambda}_x}{\left\|\boldsymbol{B}^{\mathrm{T}}\left(\boldsymbol{x}\right) \boldsymbol{\lambda}_x\right\|}, \quad \tau^{\star} = \arg \min_{\tau \in [0, 1]} \mathcal{H} \tag{2.8}$$

式中 $(*)^\star$ 表示该物理量的最优值。最优推力大小 $\tau^\star$ 的形式需要由指标函数 $L(\xi, \tau)$ 的具体形式确定,例如燃料最优问题的解为砰砰控制,时间最优问题的解通常为推力一直满推,在后文研究具体问题时将进行进一步的推导。在不考虑奇异控制的前提下,推力大小仅在有限个离散点处不连续,暂时不考虑指标函数的具体形式,最优推力大小可以假设具有以下一般表达:

$$\tau^\star = \begin{cases} 1, & \text{若} \quad t \in S_1 \\ 0, & \text{若} \quad t \in S_0 \\ \arg\left(\dfrac{\partial \mathcal{H}}{\partial \tau} = 0\right), & \text{若} \quad t \in [t_0, t_f] \setminus (S_1 \cup S_0) \end{cases} \tag{2.9}$$

式中 S_1 和 S_0 分别为推力满推和推力为零的所有弧段时间的集合,即时间在相应的集合内时,最优推力大小取相应的值;在其余的时间集合内,推力大小可以取在零和一之间并使哈密顿函数取极小值。由于 S_1 和 S_0 中可能存在多个弧段,每个弧段均对应连续的时间子集,因此可以将 S_1 和 S_0 分别表示为连续时间子集的并集形式,即 $S_1 = \bigcup_j S_{1,j}$ 和 $S_0 = \bigcup_j S_{0,j}$。此外,推力大小在上述三种情况之间的切换由切换函数确定,切换函数同样和指标的选取有关,其具体形式留待后续讨论。总的来讲,推力大小的取值与切换函数的推导可归结为求解一自变量在一定区间内的函数极小值问题。式 (2.8) 和式 (2.9) 即为最优控制律。

协态变量的微分方程(欧拉–拉格朗日方程)可以由哈密顿函数对状态变量取偏微分得到

$$\dot{\boldsymbol{\lambda}}_\xi = -\frac{\partial \mathcal{H}}{\partial \boldsymbol{\xi}} = -\left[\frac{\partial \boldsymbol{F}(\boldsymbol{\xi}, \boldsymbol{u})}{\partial \boldsymbol{\xi}}\right]^{\mathrm{T}} \boldsymbol{\lambda}_\xi - \frac{\partial L(\boldsymbol{\xi}, \tau)}{\partial \boldsymbol{\xi}} \tag{2.10}$$

根据状态变量的末端边界条件,末端横截条件为状态 $\boldsymbol{x}$ 对应的协态 $\boldsymbol{\lambda}_x(t_f)$ 自由(无约束条件),质量协态 $\lambda_m(t_f)$ 为零,即

$$\lambda_m(t_f) = 0 \tag{2.11}$$

如果末端时间是自由的,则对应的末端静态条件为

$$\mathcal{H}(t_f) = 0 \tag{2.12}$$

至此，我们得到了所有的一阶必要条件，包括欧拉–拉格朗日方程、最优控制律、横截条件和静态条件。此时，若给定初始协态（初始状态已知），则可以求解最优控制律并数值积分动力学方程和欧拉–拉格朗日方程，末端状态和协态则需要满足末端时刻的边界条件、横截条件和静态条件。因此，最优控制问题即转化为两点边值问题，此问题可以采用打靶法求解，打靶方程为

$$\phi\left(\left[\boldsymbol{\lambda}_\xi^{\mathrm{T}}\left(t_0\right),\, t_f\right]^{\mathrm{T}}\right) = \left[\boldsymbol{x}^{\mathrm{T}}\left(t_f\right) - \boldsymbol{x}_f^{\mathrm{T}},\, \lambda_m\left(t_f\right),\, \mathcal{H}\left(t_f\right)\right]^{\mathrm{T}} = \boldsymbol{0} \qquad (2.13)$$

式中 $\left[\boldsymbol{\lambda}_\xi^{\mathrm{T}}\left(t_0\right),\, t_f\right]^{\mathrm{T}}$ 为打靶变量。显然，满足打靶方程的解一定符合最优控制问题的动力学方程、边界条件和所有的一阶必要条件，该解即为最优控制问题的最优解。一般情形下，打靶变量和方程的个数相同，打靶方程为非线性方程组，具有单个或多个孤立解，称为最优控制问题的"局部最优解"。由于动力学方程和欧拉–拉格朗日方程不能解析积分，只能采用数值积分的方法得到状态和协态变量的末端值，打靶方程是强非线性方程组，需要设置合理的初值猜测后通过迭代方法求解。一个合适的初值有助于打靶法快速收敛，反之亦然。在打靶变量中，相比于末端时间，初始时刻的协态无明确的物理意义，更难猜测。在打靶法数值求解中，线性化近似方法[33] 和同伦方法[102] 可以估计简单问题的协态初值，即初始时刻协态变量的初值，并进一步求解原问题，但均没有用到此类最优控制问题的特点：哈密顿函数不显含时间，其沿最优轨迹的值为常数。

2.3　一阶必要条件的理论分析与讨论

本节将进一步探讨一阶必要条件的性质，与 2.2 节中利用一阶必要条件构建两点边值问题并打靶求解的思路不同，本节主要讨论这些条件对协态变量初始值的约束作用。讨论既涉及 2.2 节所讨论的所有必要条件，也包括哈密顿函数不显含时间，其沿最优轨迹的值为常数的特殊性质。若给定近似符合最优性条件的标称轨道，我们将看到一阶必要条件可以进一步分类为线性等式部分和其他部分，线性部分具有良好的性质。

2.3.1　哈密顿函数的性质

在任意一个推力大小连续的弧段上，哈密顿函数对时间的导数可以写为

$$
\begin{aligned}
\frac{\mathrm{d}\mathcal{H}}{\mathrm{d}t} &= \frac{\partial \mathcal{H}}{\partial t} + \frac{\partial \mathcal{H}}{\partial \boldsymbol{\xi}}\dot{\boldsymbol{\xi}} + \frac{\partial \mathcal{H}}{\partial \boldsymbol{\lambda}_\xi}\dot{\boldsymbol{\lambda}}_\xi + \frac{\partial \mathcal{H}}{\partial \hat{\boldsymbol{\alpha}}}\dot{\hat{\boldsymbol{\alpha}}} + \frac{\partial \mathcal{H}}{\partial \tau}\dot{\tau} \\
&= \frac{\partial \mathcal{H}}{\partial \tau}\dot{\tau} = 0
\end{aligned}
\tag{2.14}
$$

因此哈密顿函数在这些弧段上为常数。又由于哈密顿函数为连续函数且推力大小只有有限个不连续点，所以哈密顿函数具有以下性质：

$$
\mathcal{H}(t) = \mathcal{H}_0, \quad t \in [t_0, t_f]
\tag{2.15}
$$

式中 $\mathcal{H}_0$ 为一未知任意常数。如果末端时刻自由，则有 $\mathcal{H}_0 = 0$。事实上，即使存在奇异控制问题，哈密顿函数仍保持这一性质[15]。在 2.2 节两点边值问题的构造中，这一性质并没有被用到，但可以验证沿打靶法得到的最优解，哈密顿函数为常数的性质自动满足。

根据式 (2.7)，哈密顿函数是协态变量的线性函数，若将指标乘以一项常数乘子 λ_0，则哈密顿函数是协态 $\left[\boldsymbol{\lambda}_\xi^{\mathrm{T}}, \lambda_0\right]^{\mathrm{T}}$ 的齐次函数。据此提出的协态归一化方法[17] 可以将协态初值猜测的范围限制在高维的单位球面上，提高了打靶法求解中随机猜测初始协态变量的收敛率。但不足的是，随机猜测依赖于多次尝试重复计算，在数值求解时计算效率较低，一方面随着所考虑问题的复杂程度提高，随机猜测的收敛率急剧下降；另一方面判断单个随机猜测初值不收敛需要多次迭代，所消耗的计算时间通常多于迭代收敛的情况。在 2.3.2 节中，哈密顿函数的这一性质将被用来推导线性等式条件，进而提出更加高效的解析协态初值估计方法。

2.3.2　线性等式约束条件

由于哈密顿函数是协态变量的线性函数，因此欧拉–拉格朗日方程的右函数、横截条件和静态条件均为协态变量的线性函数。假设其中航天器的状态 $\boldsymbol{\xi}$ 和控制矢量 $\boldsymbol{u}$ 可以由近优标称轨道给出，标称轨道可以根据具体研究问题的不同由相应的初步设计方法给出（例如形函数法[132,136] 和

近优控制律[185] 等）。以协态变量的初始值为待定参数，任意时刻的协态变量 $\boldsymbol{\lambda}_\xi(t)$ 可以由欧拉–拉格朗日方程积分表示为

$$\boldsymbol{\lambda}_\xi(t) = \boldsymbol{\Phi}(t, t_0)\,\boldsymbol{\lambda}_\xi(t_0) - \boldsymbol{z}(t) \tag{2.16}$$

式中 $\boldsymbol{\Phi}(t, t_0)$ 是协态的 7×7 状态转移矩阵（state transition matrix, STM），$\boldsymbol{z}(t)$ 是 7×1 矢量，两者均只与标称轨道的选取有关，其微分方程为

$$\dot{\boldsymbol{\Phi}}(t, t_0) = -\left[\frac{\partial \boldsymbol{F}(\boldsymbol{\xi}, \boldsymbol{u})}{\partial \boldsymbol{\xi}}\right]^{\mathrm{T}}\boldsymbol{\Phi}(t, t_0), \quad \boldsymbol{\Phi}(t_0, t_0) = \boldsymbol{I}_{7 \times 7} \tag{2.17}$$

$$\dot{\boldsymbol{z}}(t) = -\left[\frac{\partial \boldsymbol{F}(\boldsymbol{\xi}, \boldsymbol{u})}{\partial \boldsymbol{\xi}}\right]^{\mathrm{T}}\boldsymbol{z}(t) + \frac{\partial L(\boldsymbol{\xi}, \tau)}{\partial \boldsymbol{\xi}}, \quad \boldsymbol{z}(t_0) = \boldsymbol{0} \tag{2.18}$$

若将状态转移矩阵 $\boldsymbol{\Phi}$ 和矢量 $\boldsymbol{z}$ 拆分为两部分，分别对应于运动状态矢量 $\boldsymbol{x}$ 和质量 m，即 $\boldsymbol{\Phi} = [\boldsymbol{\Phi}_x; \boldsymbol{\Phi}_m]$ 和 $\boldsymbol{z} = [\boldsymbol{z}_x; z_m]$，$\boldsymbol{\lambda}_x(t) = \boldsymbol{\Phi}_x(t, t_0)\,\boldsymbol{\lambda}_\xi(t_0) - \boldsymbol{z}_x(t)$ 和 $\lambda_m(t) = \boldsymbol{\Phi}_m(t, t_0)\,\boldsymbol{\lambda}_\xi(t_0) - z_m(t)$。根据式 (2.11) 和式 (2.16)，最优控制问题末端时刻的横截条件为

$$\boldsymbol{\Phi}_m(t_f, t_0)\,\boldsymbol{\lambda}_\xi(t_0) - z_m(t_f) = 0 \tag{2.19}$$

式 (2.19) 即为协态变量的初始值所需要满足的线性等式约束条件之一。

结合静态条件和哈密顿函数的性质，协态变量的初始值还需要满足

$$\boldsymbol{F}^{\mathrm{T}}(\boldsymbol{\xi}, \boldsymbol{u})\left[\boldsymbol{\Phi}(t, t_0)\,\boldsymbol{\lambda}_\xi(t_0) - \boldsymbol{z}(t)\right] + L(\boldsymbol{\xi}, \tau) = \mathcal{H}_0, \quad t \in [t_0, t_f] \tag{2.20}$$

式中 $\mathcal{H}_0$ 为待定常数，当末端时刻自由时 $\mathcal{H}_0 = 0$。不失一般性，在后续推导中，仍将 $\mathcal{H}_0$ 作为待定常数处理，末端时刻自由时将其置为零。

设推力方向矢量在春分点轨道根数描述下（STW 坐标系，即径向、横向和轨道面法向）的分量形式为 $\hat{\boldsymbol{\alpha}}^\star = [\alpha_1^\star, \alpha_2^\star, \alpha_3^\star]^{\mathrm{T}}$，其中各个分量均可根据标称轨道推力矢量通过坐标转换得到，最优推力方向式 (2.8) 可以改写为

$$\hat{\boldsymbol{\alpha}}^\star \times \left[\boldsymbol{B}^{\mathrm{T}}(\boldsymbol{x})\,\boldsymbol{\lambda}_x\right] = \tilde{\boldsymbol{\alpha}}^\star \boldsymbol{B}^{\mathrm{T}}(\boldsymbol{x})\left[\boldsymbol{\Phi}_x(t, t_0)\,\boldsymbol{\lambda}_\xi(t_0) - \boldsymbol{z}_x(t)\right] = \boldsymbol{0}, \quad t \in [t_0, t_f] \tag{2.21}$$

式中 $\tilde{\boldsymbol{\alpha}}^\star$ 是 $\hat{\boldsymbol{\alpha}}^\star$ 对应的反对称矩阵：

$$\tilde{\boldsymbol{\alpha}}^{\star} = \begin{bmatrix} 0 & -\alpha_3^{\star} & \alpha_2^{\star} \\ \alpha_3^{\star} & 0 & -\alpha_1^{\star} \\ -\alpha_2^{\star} & \alpha_1^{\star} & 0 \end{bmatrix}$$

式 (2.21) 表明最优推力方向也可以表示为协态变量初始值的线性等式约束。至此，我们得到了三个限制协态变量初始值的约束，其中末端的横截条件为单点约束；另外两个在初始时刻到末端时刻的整个过程中均需满足，为路径约束。借助标称轨道，除最优推力大小及其切换函数外，所有一阶必要条件和哈密顿函数为常数的性质均可表示为协态变量初始值的线性等式约束。

2.3.3　其他约束条件

最优推力大小及其切换函数的形式取决于优化指标，既可能是协态变量的线性函数，也可能是非线性函数。由最优推力大小及切换函数推导出的约束统称为"其他约束条件"，它们对协态初值的限制更加复杂。考虑时间最优问题 $L(\boldsymbol{\xi}, \tau) = 1$，此时切换函数为

$$\rho = \boldsymbol{\lambda}_x \cdot \frac{T_{\max}}{m} \boldsymbol{B}(\boldsymbol{x}) \tau \hat{\boldsymbol{\alpha}} - \lambda_m \tag{2.22}$$

由于末端质量协态为零，质量协态微分方程的右函数为负，因此有 $\lambda_m(t) > 0$。当 $\hat{\boldsymbol{\alpha}} = \hat{\boldsymbol{\alpha}}^{\star}$ 时，切换函数的第一项也为负数，因此切换函数恒为负数，最优推力大小为 $\tau^{\star} = 1$。将式 (2.16) 代入式 (2.22)，可得

$$\left[\boldsymbol{\Phi}(t, t_0) \boldsymbol{\lambda}_{\xi}(t_0) - \boldsymbol{z}(t)\right] \cdot \left[\left(\frac{T_{\max}}{m} \boldsymbol{B}(\boldsymbol{x}) \tau \hat{\boldsymbol{\alpha}}\right)^{\mathrm{T}}, -1\right]^{\mathrm{T}} < 0, \quad t \in [t_0, t_f]$$

$$\tag{2.23}$$

式 (2.23) 为协态变量初始值的线性不等式约束条件。

燃料最优问题和能量最优问题的切换函数也为协态变量初始值的不等式约束，并且在切换点处为等式约束。当能量最优问题的最优推力大小不取边界值时，也可以推导出线性约束条件。但因为标称轨道的推力大小一般为连续控制律，且设计过程中很少考虑推力的幅值约束，所以切换点难以准确估计。在切换点未知的情况下，切换函数和推力大小导

出的约束条件均不适用。相比之下，2.3.2 节导出的线性等式约束可以适用于任意的指标形式，更具有普适意义。

2.4 线性映射方程

本节将利用前述线性等式约束条件推导协态变量和标称轨道之间的线性映射方程。轨迹优化问题中，最优解所对应的协态变量初始值满足所有的一阶必要条件，是两点边值问题的解。从另一个角度来讲，若存在最优解，则一定存在满足所有一阶必要条件的协态变量初始值。因此，在标称轨道接近最优解的假设下，若可以通过线性映射方程唯一确定一组协态变量初始值，则该解即为两点边值问题的近似解。这是利用线性映射方程进行协态初值估计的基本思路。

2.4.1 映射方程推导

为处理路径约束，从初始时刻 t_0 到末端时刻 t_f 之间定义等间隔的中间节点，所考虑的时间点的集合为

$$T = \{t_0, t_1, \cdots, t_n\} \tag{2.24}$$

式中 $t_n = t_f$ 并且 $t_i - t_{i-1} = (t_f - t_0)/n$, $i = 1, 2, \cdots, n$。据此，路径约束即转化为 $n+1$ 个时间点处的单点约束，由于最优推力方向约束是 3 维的方程组，因此总约束方程的个数即为 $4n+5$，其中待定参数为 $\boldsymbol{\lambda}_\xi(t_0)$ 和 $\mathcal{H}_0$。汇总各个方程并移项可以得到

$$\begin{bmatrix} \boldsymbol{\Phi}_{m,n}, & 0 \\ \boldsymbol{F}_0^{\mathrm{T}}\boldsymbol{\Phi}_0, & -1 \\ & \cdots \\ \boldsymbol{F}_n^{\mathrm{T}}\boldsymbol{\Phi}_n, & -1 \\ \tilde{\boldsymbol{\alpha}}_0\boldsymbol{B}_0^{\mathrm{T}}\boldsymbol{\Phi}_{x,0}, & \boldsymbol{0} \\ & \cdots \\ \tilde{\boldsymbol{\alpha}}_n\boldsymbol{B}_n^{\mathrm{T}}\boldsymbol{\Phi}_{x,n}, & \boldsymbol{0} \end{bmatrix} \begin{bmatrix} \boldsymbol{\lambda}_\xi(t_0) \\ \mathcal{H}_0 \end{bmatrix} = \begin{bmatrix} \boldsymbol{z}_{m,n} \\ \boldsymbol{F}_0^{\mathrm{T}}\boldsymbol{z}_0 - L_0 \\ \cdots \\ \boldsymbol{F}_n^{\mathrm{T}}\boldsymbol{z}_n - L_n \\ \tilde{\boldsymbol{\alpha}}_0\boldsymbol{B}_0^{\mathrm{T}}\boldsymbol{z}_{x,0} \\ \cdots \\ \tilde{\boldsymbol{\alpha}}_n\boldsymbol{B}_n^{\mathrm{T}}\boldsymbol{z}_{x,n} \end{bmatrix} \tag{2.25}$$

其中 $(*)_i$ 代表该物理量在 t_i 时刻的值。若末端时刻固定，则方程中待定参数的个数为 8；若末端时刻自由，则将 $\mathcal{H}_0 = 0$ 代入整理，方程中待定

参数的个数为 7。因此，当方程系数矩阵的列秩和待定参数个数相同时，即可确定协态变量；若方程列秩少于待定参数个数，则该方程可化简为一组协态变量初始值的独立约束方程，可以减少所需猜测协态变量初始值的个数。在本章的数值验证中，该方程系数矩阵总是列满秩的。针对具体的问题，方程中某些量可以根据已知规律和约束选取，如当标称轨道的推力大于最大值时，推力大小取为最大推力；当求解时间最优问题时，推力大小可以直接取最大值等。

2.4.2　解析协态初值估计

当映射方程的系数矩阵列满秩时，可以采用最小二乘方法解析确定协态变量初始值，即

$$
\begin{bmatrix} \boldsymbol{\lambda}_\xi\left(t_0\right) \\ \mathcal{H}_0 \end{bmatrix} = \left(\boldsymbol{X}^{\mathrm{T}}\boldsymbol{X}\right)^{-1}\boldsymbol{X}^{\mathrm{T}}\boldsymbol{y} \tag{2.26}
$$

式中 $\boldsymbol{X}$ 和 $\boldsymbol{y}$ 分别表示映射方程的系数矩阵和常数向量。在打靶求解两点边值问题时，式 (2.26) 可以根据标称轨道解析给出一组协态变量初始值，以提供求解算法的初值估计，协态初值估计的效果取决于标称轨道接近最优解的程度。由于该方法只假设了标称轨道是近优解，当标称轨道接近最优解时，协态初值估计值即会接近该问题中初始协态变量的真实值。因此，当标称轨道选取足够好时，本章方法理论上可以求解对初值十分敏感的轨迹优化问题，标称轨道选取和最优解偏差过大则无法得到收敛的初值估计，如何拓宽标称轨道近优这一假设仍有待后续研究。本节将分析两类问题，给出标称轨道的形式，并说明该方法的适用性。

针对连续推力行星际交会问题，航天器受太阳的引力和连续推力作用，优化问题的性能指标取为

$$
J = \frac{T_{\max}}{I_{\mathrm{sp}}\,g_0}\int_{t_0}^{t_f}\tau^2\,\mathrm{d}\,t \tag{2.27}
$$

其中初末时刻均固定。相比燃料最优问题，能量最优问题更容易求解，本章方法采用常见的标称轨道形式即可给出合适的解析协态初值估计。燃料最优问题可以在能量最优问题解的基础上用同伦方法进行求解[17]。考虑时间最优问题时，最优推力的大小为已知量，性能指标仍取为式 (2.27)，

其中推力大小设置为 $\tau = 1$。逆多项式法[132] 可以生成近平面行星际转移和交会问题的标称轨道，具有很好的近似效果。在该方法中，航天器与太阳的距离 r 解析表示为

$$r = \frac{1}{a + b\theta + c\theta^2 + d\theta^3 + e\theta^4 + f\theta^5 + g\theta^6} \qquad (2.28)$$

式中 a、b、c、d、e、f 和 g 均是由交会轨迹的初末状态约束和飞行时间约束所确定的待定参数。自变量 θ 在初始时刻取为 $\theta_0 = 0$，末端时刻的取值 θ_f 取决于航天器（或交会目标）的末端状态。待定参数的确定算法以及航天器轨道状态和控制量的生成均可以参考文献 [132]，在此不再赘述。在使用此标称轨道求解式 (2.25) 时，自变量应转变为时间 $t = \int_{\theta_0}^{\theta} \left(1 / \dot{\theta} \right) \mathrm{d}\theta$，航天器的运动状态和推力方向需从笛卡儿坐标系转换到春分点轨道根数描述下的 STW 坐标系。采用其他的自变量或坐标系描述也可以类似地推导协态初值估计方法，在此不再赘述。另外，某些形函数轨道设计方法[136,138,188] 可以适用于大倾角交会的情形，更加适合大倾角转移问题，它们均可以作为本章方法的标称轨道。标称轨道的近似效果越好，则本章方法所给出的协态初值估计越接近其真实值，越可能得到收敛的结果，不同标称轨道下本章方法的对比将在算例部分予以分析。

　　基于上述标称轨道设计，状态转移矩阵 $\boldsymbol{\Phi}$ 和矢量 $\boldsymbol{z}$ 在离散时间节点的取值均可以通过沿标称轨道积分得到，航天器状态和控制量的取值由相应时间节点处的标称轨道给出。构建并求解方程 (2.26)，即可得到初始协态变量的估计值。该轨迹优化问题可以以此作为初值，进一步采用打靶法求解，即可得到该问题的局部最优解。

　　针对精确软着陆问题，假设目标天体的引力场均匀，相比于天体引力和连续推力，空气阻力的大小可以忽略不计，该优化问题的性能指标取为

$$J = \int_{t_0}^{t_f} \frac{T_{\max} \tau}{c_{\mathrm{ex}}} \mathrm{d}t \qquad (2.29)$$

式中末端时刻 t_f 自由，有效排气速度 c_{ex} 假定为常数。推力大小约束为 $\tau \in [\tau_{\min}, 1]$，即推力大小同时存在幅值和最小值约束。采用笛卡儿坐标系描述着陆器的运动，动力学方程与式 (2.1) 形式相同，方程中 $\boldsymbol{A}(\boldsymbol{r}, \boldsymbol{v}) =$

$[\boldsymbol{v}; \boldsymbol{g}_{\mathrm{tar}}]$，$\boldsymbol{B}\,(\boldsymbol{r}, \boldsymbol{v}) = [0; \boldsymbol{I}]$，$I_{\mathrm{sp}}g_0 = c_{\mathrm{ex}}$，其中 $\boldsymbol{g}_{\mathrm{tar}}$ 是目标天体的常值引力加速度。此时，欧拉–拉格朗日方程可以进一步推导为

$$\boldsymbol{\lambda}_r\,(t) = \boldsymbol{\lambda}_r\,(t_0) \tag{2.30}$$

$$\boldsymbol{\lambda}_v\,(t) = \boldsymbol{\lambda}_v\,(t_0) - \boldsymbol{\lambda}_r\,(t_0)\,t \tag{2.31}$$

$$\lambda_m\,(t) = \lambda_m\,(t_0) + \int_{t_0}^{t} \frac{T_{\max}\,\tau}{m}\,\boldsymbol{\lambda}_v \cdot \hat{\boldsymbol{\alpha}}\,\mathrm{d}t \tag{2.32}$$

在着陆问题中，解析控制律[185,189]、直接法和间接法轨迹优化[67,186,190] 以及深度神经网络[35] 等各种方法均可以用来设计标称轨道。本章采用如下的经典解析控制律（E-guidance law）生成标称轨道，即

$$\boldsymbol{a}\,(t) = -\frac{6\,\boldsymbol{r}_0 + 4\,\boldsymbol{v}_0\,t_{\mathrm{go}} + \boldsymbol{g}_{\mathrm{tar}}\,t_{\mathrm{go}}^2}{t_{\mathrm{go}}^2} + \frac{12\,\boldsymbol{r}_0 + 6\,\boldsymbol{v}_0\,t_{\mathrm{go}}}{t_{\mathrm{go}}^3}\,t \tag{2.33}$$

式中 $\boldsymbol{a}$ 为推力加速度，t_{go} 为总飞行时间，$\boldsymbol{r}_0$ 和 $\boldsymbol{v}_0$ 分别代表初始时刻的位置和速度。不失一般性，末端时刻目标位置和速度均设为零。根据文献 [185]，总飞行时间满足方程

$$\boldsymbol{g}_{\mathrm{tar}} \cdot \boldsymbol{g}_{\mathrm{tar}}\,t_{\mathrm{go}}^4 - 4\,\boldsymbol{v}_0 \cdot \boldsymbol{v}_0\,t_{\mathrm{go}}^2 - 24\,\boldsymbol{v}_0 \cdot \boldsymbol{r}_0\,t_{\mathrm{go}} - 36\,\boldsymbol{r}_0 \cdot \boldsymbol{r}_0 = 0 \tag{2.34}$$

此四次方程可以解析求解，可行的 t_{go} 可以通过文献 [185] 中的讨论筛选得到。与行星际交会问题类似，此处采用其他控制律设计或标称轨道生成方法也是可行的。

此问题的求解中，状态转移矩阵 $\boldsymbol{\Phi}_x$ 部分可以解析得到，$\boldsymbol{\Phi}_m$ 的求解则需要数值积分式 (2.32)，矢量 $\boldsymbol{z}$ 恒为零。由于推力加速度是时间的线性函数，着陆器的速度和位置均可以解析积分得到。积分着陆器燃料消耗动力学方程，可得 t 时刻着陆器的剩余质量为

$$m\,(t) = m_0\mathrm{e}^{-\Delta V/c_{\mathrm{ex}}} \tag{2.35}$$

式中 $\Delta V\,(t)$ 为速度增量，其表达式为 $\Delta V\,(t) = \int_{t_0}^{t} \|\boldsymbol{a}\|\,\mathrm{d}t$。此积分中被积项是二次函数的平方根形式，二次函数的二次项系数大于零，判别式通常情况下小于零，积分的原函数可以查询工具书得到，在此省略了其具

体形式，据此着陆器的质量也可以解析给出。将式 (2.26) 中哈密顿函数 $\mathcal{H}_0$ 设置为零，并将其简化为只有 7 个待定参数的线性方程进行求解，即可得到该问题的协态初值估计。采用打靶法求解时，飞行时间的初值设置为标称轨道的飞行时间。

2.5　算例与分析

本节分两种情况验证 2.4 节中协态初值估计方法的有效性。行星际交会情景考虑地球至金星、火星、小行星 Vesta、Tempel 1 和 Dionysus 的交会问题；精确着陆情景考虑月球着陆问题。间接法求解时，打靶方程在式 (2.13) 的基础上增添了一维协态归一化方程 $\|\boldsymbol{\lambda}_\xi\,(t_0)\|^2 + \lambda_0^2 = 1$，初值猜测分别采用本章提出的方法、随机猜测方法[17] 和线性化方法[149]。打靶方程使用非线性求解器 Minpack-1[191] 求解。收敛的判据是打靶函数的残差向量的模小于 10^{-7}。积分使用 C++ 版本的变步长积分器 ode45，其中相对和绝对误差均设置为 10^{-13}。本章算例均用 C++ 语言编写，使用 Microsoft Visual Studio 2019 的 release 模式单线程计算，测试环境为个人台式计算机，内存为 8.00 GB，CPU 为 Intel Core i7-7700（主频为 3.60 GHz）。

2.5.1　行星际交会问题

首先考虑地球至金星的能量最优交会问题，算例参数设置与文献 [17] 相同。航天器出发时刻为 2005 年 10 月 7 日 00:00:00.0 TDB，初始时刻为 $t_0 = 0.0\,\mathrm{d}$。任务时间为 $t_f = 1000.0\,\mathrm{d}$，航天器初始质量为 $m_0 = 1500\,\mathrm{kg}$，推进系统比冲为 $I_{\mathrm{sp}} = 3800.0\,\mathrm{s}$，最大推力为 $T_{\max} = 0.33\,\mathrm{N}$。在数值仿真中，长度单位归一化为天文单位（$1\,\mathrm{AU} = 149597870.66\,\mathrm{km}$），时间单位归一化为年（$365.25 \times 86400.0\,\mathrm{s}$），质量单位归一化为航天器的初始质量 m_0，Minpack 求解器的参数 "factor" 设置为 1.0。此时，太阳的引力常数为 $\mu = 132712440018.0\,\mathrm{km}^3/\mathrm{s}^2 \approx 39.476926\,\mathrm{AU}^3/\mathrm{a}^2$。航天器的初末位置和速度根据文献 [17] 设置，并转化为初末春分点轨道根数，末端真经度范围设置为 $L_f \in [6\,\pi,\,8\,\pi]$。

逆多项式标称轨道的参数如表 2.1 所示，沿此标称轨道仿真计算初始协态变量的估计值。时间离散的个数分别设置为 $n=10, 50, 100, 500, 1000$ 以对比仿真效果和离散时间个数的关系，结果如表 2.2 所示。随着离散个数的增加，协态初值估计的计算时间（CT_1）逐渐增加，但所得协态的数值接近。打靶求解时，各个协态初值估计均可以得到收敛解。打靶的迭代步数（NoI）、函数调用次数（NoF）和计算时间（CT_2）相差不大。能量最优问题最优解对应的协态真实值为 $\boldsymbol{\lambda}_\xi = [0.0136, -0.0163, 0.0203, -0.0878, -0.4209, 0.0092, 0.0889]^\mathrm{T}$，$\lambda_0 = 0.8980$。可以看到，估计的 λ_0 和 λ_m 均与它们的真实值接近，由于我们采用了平面内标称轨道，其余 6 个协态与真实值差别较大。能量最优解的末端质量为 $m_f = 1274.98\,\mathrm{kg}$，使用同伦方法求解得到燃料最优解的末端质量为 $m_f = 1290.58\,\mathrm{kg}$，与文献 [17] 的结果吻合。标称轨道和能量最优解的推力大小随时间的变化曲线如图 2.1 所示，黄道面内的轨迹如图 2.2 所示，可以看到标称轨道和能量最优轨道在黄道平面内较为接近。

表 2.1　　逆多项式标称轨道参数

参数	数值
θ_0	$0.0\,\mathrm{rad}$
θ_f	$20.65428240\,\mathrm{rad}$
a	1.00051965
b	$1.69713276 \times 10^{-2}$
c	$-4.50650122 \times 10^{-4}$
d	$-7.42805262 \times 10^{-4}$
e	$1.18467974 \times 10^{-4}$
f	$-5.90977720 \times 10^{-6}$
g	$9.57405526 \times 10^{-8}$
t_f	$1000.0\,\mathrm{d}$

表 2.2　　不同离散时间个数下协态初值估计和打靶计算结果

n	$\boldsymbol{\lambda}_\xi$	λ_0	$CT_1/$ ms	NoI	NoF	$CT_2/$ ms
10	$[0.160, 0.019, -0.010, 0.0, 0.0, 0.003, 0.082]^\mathrm{T}$	0.984	12.5	14	25	36
50	$[0.133, 0.015, -0.006, 0.0, 0.0, 0.005, 0.084]^\mathrm{T}$	0.987	13.4	15	25	35
100	$[0.129, 0.014, -0.005, 0.0, 0.0, 0.005, 0.085]^\mathrm{T}$	0.988	14.8	15	25	35
500	$[0.126, 0.014, -0.004, 0.0, 0.0, 0.005, 0.085]^\mathrm{T}$	0.988	52.2	16	26	37
1000	$[0.125, 0.014, -0.004, 0.0, 0.0, 0.006, 0.085]^\mathrm{T}$	0.988	100.4	16	26	37

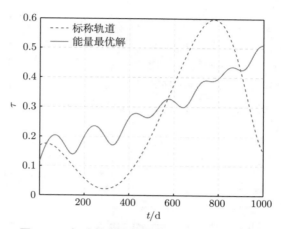

图 2.1　标称轨道和能量最优解的推力曲线图

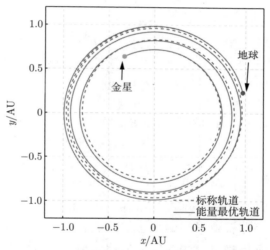

图 2.2　标称轨道和能量最优轨道在黄道面内的轨迹图

　　相比随机猜测方法[17]，本章方法可以实现 100% 收敛，而随机猜测方法的收敛率为 77.0%，如表 2.3 所示。平均每计算一个收敛解，采用本章方法所需的平均迭代步数和平均函数调用次数均少于随机猜测方法，同时计算效率显著提升。可以说明，本章估计方法具有更好的收敛率和更高的计算效率。此外，在对初始位置和速度添加了 1000 组随机摄动量的情况下，采用本章方法进行求解，以验证该方法对不同边界条件的适应性。摄动参数根据文献 [192] 设定，即初始位置的摄动量均匀分布于 $\Delta_r \in [-100.0, 100.0]$ km，初始速度的摄动量均匀分布于 $\Delta_v \in [-1.0, 1.0]$ km/s。仿真表明，采用本章方法可以求解全部 1000 组算例，平均计算时间为 51.8 ms，平均迭代步数和函数调用次数分别为 14 和 25。因此，本章方法具有较好的适应性，计算效果不依赖于算例的特定初始条件。

表 2.3   本章方法和随机猜测方法仿真效果对比

方法	收敛率	平均迭代步数	平均函数调用次数	平均计算时间/ms
本章方法	1000/1000	15	25	51.8
随机猜测方法[17]	770/1000	25	85	205.8

为进一步验证本章方法使用不同标称轨道的有效性，对比本章方法和线性化方法的仿真效果。分别设置了地球至火星、小行星 Vesta、Tempel 1 和 Dionysus 四个不同的场景，测试使用了逆多项式[132]、傅里叶级数[138] 和三次样条函数[188] 表示的标称轨道，测试结果分别标记为 EM_I、EM_F 和 EM_C。其中，地球至小行星 Tempel 1 的交会轨迹具有较大的偏心率，地球至小行星 Dionysus 的交会轨迹圈数较多且具有较大的倾角，打靶法求解这些问题时更依赖于良好的初值猜测。仿真结果如表 2.4 所示，以逆多项式为标称轨道线性化方法的测试结果根据文献 [149] 直接给出，标记为 LM_I。可以看到，本章方法采用三种标称轨道在四个不同场景中均得到了可以收敛的协态初值估计，相比之下，线性化方法求解地球至小行星 Dionysus 算例的收敛率仅为 14.0%。各个场景下不同标称轨道对应的协态估计值和真实值如表 2.5 所示。因此，本章方法不依赖于使用特定的标称轨道，所得到的协态估计值比线性化方法的结果具有更好的收敛性。随着标称轨道接近最优解，本章方法可以给出接近真实值的估计值，这一特性是线性化方法所不具有的，这是由于一般的轨迹优化问题仍是非线性问题，线性化方法为保证问题可以求解需要增加不必要的假设（如文献 [149] 假设航天器质量为常数）。

表 2.4　不同标称轨道对应初值估计的收敛率与文献 [149] 线性化方法收敛率对比

目标	出发时间	t_f/d	$I_{\mathrm{sp}}/\mathrm{s}$	$T_{\max}/\mathrm{N}$	m_0/kg	收敛率			
						$\mathrm{EM_I}$	$\mathrm{EM_F}$	$\mathrm{EM_C}$	$\mathrm{LM_I}^{[149]}$
火星	2019 年 12 月 21 日	506	3000	0.4	1000	1/1	1/1	1/1	1000/ 1000
Vesta	2020 年 9 月 8 日	725	3000	0.25	1000	1/1	1/1	1/1	1000/ 1000
Tempel 1	2015 年 8 月 9 日	420	3000	0.6	1000	1/1	1/1	1/1	1000/ 1000
Dionysus	2012 年 12 月 23 日	3534	3000	0.32	4000	1/1	1/1	1/1	140/ 1000

表 2.5　四个能量最优情景中不同标称轨道对应的协态估计值和真实值

方法	λ_ξ	λ_0
	地球至火星	
$\mathrm{EM_I}$	$[0.0146, 0.0407, 0.1216, 0.0, 0.0, -0.0333, 0.2108]^{\mathrm{T}}$	0.9684
$\mathrm{EM_F}$	$[-0.0098, -0.0175, -0.0271, 0.0397, -0.0599, -0.0023, 0.5073]^{\mathrm{T}}$	0.8581
$\mathrm{EM_C}$	$[0.0468, 0.0293, 0.0013, -0.0116, -0.0429, -0.0150, 0.5899]^{\mathrm{T}}$	0.8042
真实值	$[-0.0787, 0.0324, 0.1770, -0.2034, -0.1523, -0.0356, 0.1385]^{\mathrm{T}}$	0.9362
	地球至小行星 Vesta	
$\mathrm{EM_I}$	$[-0.4612, -0.0364, -0.0147, 0.0, 0.0, 0.0214, 0.2734]^{\mathrm{T}}$	0.8430
$\mathrm{EM_F}$	$[-0.0024, 0.0009, 0.0002, 0.0, 0.0, -0.0002, 0.8202]^{\mathrm{T}}$	0.5721
$\mathrm{EM_C}$	$[0.0262, -0.0320, -0.0690, 0.2552, -0.1124, -0.0295, 0.3773]^{\mathrm{T}}$	0.8790
真实值	$[-0.8825, -0.1243, 0.1427, 0.0465, -0.0713, 0.1258, 0.3266]^{\mathrm{T}}$	0.2360
	地球至小行星 Tempel 1	
$\mathrm{EM_I}$	$[-0.0883, 0.0348, 0.0216, 0.0, 0.0, -0.0267, 0.2995]^{\mathrm{T}}$	0.9487
$\mathrm{EM_F}$	$[-0.0090, 0.0072, 0.0012, -0.0054, -0.0265, -0.0121, 0.8383]^{\mathrm{T}}$	0.5442
$\mathrm{EM_C}$	$[0.0137, -0.0293, -0.0010, -0.0087, -0.0340, -0.0063, 0.7168]^{\mathrm{T}}$	0.6956
真实值	$[0.0641, -0.1562, -0.0352, -0.1505, -0.4963, -0.0506, 0.3486]^{\mathrm{T}}$	0.7598
	地球至小行星 Dionysus	
$\mathrm{EM_I}$	$[-0.2187, -0.0161, -0.0298, 0.0, 0.0, 0.0012, 0.2065]^{\mathrm{T}}$	0.9531
$\mathrm{EM_F}$	$[0.0501, -0.0431, 0.0544, -0.1135, -0.1390, -0.0038, 0.2129]^{\mathrm{T}}$	0.9566
$\mathrm{EM_C}$	$[0.0550, -0.0232, 0.0154, -0.1070, -0.4101, -0.0066, 0.1832]^{\mathrm{T}}$	0.8849
真实值	$[-0.2807, -0.0279, 0.1358, -0.1269, -0.2781, -0.0001, 0.3315]^{\mathrm{T}}$	0.8343

另外，在考虑时间最优问题时，本章测试了上述四个算例在使用逆多项式标称轨道情形下的协态初值估计效果。如表 2.6 所示，以表 2.4 中末端时刻作为各场景最优时间的猜测值，地球至小行星 Dionysus 算例的最优时间猜测值改为了 2000.0 d 以求解可以收敛的协态初值估计。针对各个场景，以表格中得到的协态估计值作为初值均可以打靶得到收敛解，各个解的最优时间略小于它们的猜测值，末端真经度满足交会条件，同样略小于它们的猜测值。可以看到，本章方法对不同指标的轨迹优化问题均具有较好的协态初值估计效果，具有良好的普适性。

表 2.6   时间最优问题协态初值估计结果

方法	t_f/d	L_f	λ_ξ	λ_0
			地球至火星	
EM$_\mathrm{I}$	506	8.6	$[0.007, 0.026, 0.066, 0.0, 0.0, -0.023, 0.358]^\mathrm{T}$	0.931
真实值	319.5	7.0	$[0.243, 0.275, -0.020, -0.032, -0.025, -0.058, 0.123]^\mathrm{T}$	0.919
			地球至小行星 Vesta	
EM$_\mathrm{I}$	725	12.1	$[-0.295, -0.010, -0.024, 0.0, 0.0, -0.001, 0.306]^\mathrm{T}$	0.905
真实值	631.2	11.6	$[-0.834, -0.136, 0.174, 0.067, -0.031, 0.127, 0.296]^\mathrm{T}$	0.383
			地球至小行星 Tempel 1	
EM$_\mathrm{I}$	420	11.3	$[-0.010, -0.023, -0.027, 0.0, 0.0, -0.010, 0.574]^\mathrm{T}$	0.818
真实值	344.5	10.5	$[0.109, -0.137, -0.046, -0.038, -0.088, -0.036, 0.243]^\mathrm{T}$	0.948
			地球至小行星 Dionysus	
EM$_\mathrm{I}$	2000	20.5	$[0.160, 0.008, 0.047, 0.0, 0.0, -0.024, 0.164]^\mathrm{T}$	0.972
真实值	1816.7	20.1	$[-0.371, -0.041, 0.111, -0.001, -0.323, 0.007, 0.307]^\mathrm{T}$	0.806

2.5.2　月球着陆问题

燃料最优月球精确着陆问题的场景设置参数如表 2.7 所示。此问题中，长度单位归一化为 1.0 km，时间单位归一化为 100.0 s，质量单位归一化为着陆器初始质量 m_0，求解器中"factor"设置为 0.01。求解飞行时间方程 (2.34) 并根据解析控制律式 (2.33) 即可给出标称轨道，进一步整理可以解析确定状态转移矩阵 $\boldsymbol{\Phi}_x$ 并积分求解状态转移矩阵 $\boldsymbol{\Phi}_m$，离散时间节点的个数取为 $n = 100$。初始协态变量以及飞行时间的估计值和真实值如表 2.8 所示，协态变量的估计值均与相应的真实值接近。最终求解得到燃料最优解的总计算时间为 13.0 ms，其中燃料最优问题打靶法耗时 11.0 ms。燃料最优解的末端时间为 $t_f = 92.90$ s，消耗燃料 $\Delta m = 19.22$ kg，与文献 [193] 中的计算结果一致。标称轨道和燃料最优解的推力曲线以及 xoz 平面内的轨迹分别如图 2.3 和图 2.4 所示，可以看到，燃料最优问题的解为砰砰控制。

表 2.7　月球精确着陆问题参数设置

参数	值	单位
初始位置 $\boldsymbol{r}_0$	$[-5000.0, 0.0, 5000.0]$	m
初始速度 $\boldsymbol{v}_0$	$[120.0, 0.0, -60.0]$	m/s
初始质量 m_0	250.0	kg
推力范围	$[300.0, 750.0]$	N
恒定比冲 I_{sp}	320.0	s
重力加速度 $\boldsymbol{g}_{\text{tar}}$	$[0.0, 0.0, -1.61]$	m/s^2

表 2.8　协态初值和飞行时间的估计值和真实值

方法	$[\boldsymbol{\lambda}_r^{\mathrm{T}}, \boldsymbol{\lambda}_v^{\mathrm{T}}]/10^{-3}$	λ_m	λ_0	t_f/s
本章估计值	$[5.3581, 0.0, -1.4867, 8.2347, 0.0, -6.6247]$	0.2115	0.9529	105.58
真实值	$[1.6376, 0.0, \quad 5.3492, 2.5732, 0.0, -0.6346]$	0.1045	0.9945	92.90

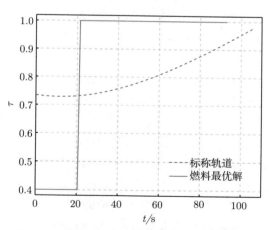

图 2.3　标称轨道和燃料最优解的推力曲线图

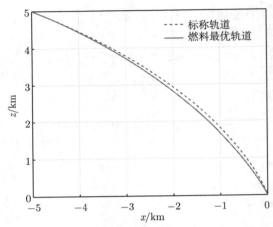

图 2.4　标称轨道和燃料最优轨道在 xoz 平面内的轨迹图

采用随机猜测方法作为对比，在该方法中飞行时间的猜测值取为最优值 $t_f = 92.90\,\mathrm{s}$，其余 8 个协态变量采用文献 [17] 中的方法随机猜测生成。对比结果如表 2.9 所示，1000 组随机猜测中有 849 组协态初值得到了收敛解，而本章方法收敛率可以达到 100%。采用本章方法，平均计算单个解的耗时从 $48.5\,\mathrm{ms}$ 降低为 $13.0\,\mathrm{ms}$，效率提升了数倍，同时平均迭代步数和函数调用次数也大幅降低。此外，本章随机测试了 1000 组位置和速度的初始值以验证方法的适应性，初始位置的随机范围为 $r_x \in [-6.0, 6.0]\,\mathrm{km}$，$r_y \in [-6.0, 6.0]\,\mathrm{km}$ 和 $r_z \in [3.0, 7.0]\,\mathrm{km}$；初始速度的随机范围为 $v_x \in [-120.0, 120.0]\,\mathrm{m/s}$，$v_y \in [-120.0, 120.0]\,\mathrm{m/s}$ 和 $v_z \in [-64.0, -56.0]\,\mathrm{m/s}$。随机过程中将具有能量最优解的初始条件保存，以保证在该条件下存在最优解，最终初始位置的分布如图 2.5 所示，其中 $\boldsymbol{r}_0 = [r_x, r_y, r_z]^{\mathrm{T}}$ 表示初始位置，$\boldsymbol{r}_f = [0, 0, 0]^{\mathrm{T}}$ 表示末端位置。由于不能保证随机初始状态下求解燃料最优问题的收敛性，在本章测试中，当采用本章方法求解燃料最优问题失败时，继续求解该条件下的能量最优问题。若求解成功则同伦求解燃料最优问题；若仍求解失败则采用随机猜测方法求解能量最优问题并同伦求解燃料最优问题，若猜测一定次数后仍不能求解成功，则认为该算例求解失败。仿真结果如表 2.10 所示，1000 组测试中，994 组可以通过本章方法直接求解燃料最优问题；6 组直接求解失败后，程序采用本章方法求解能量最优问题，并同伦求解燃料问题成功，未采用随机猜测方法。在上述策略下，1000 组算例全部求解成功，单个算例平均计算耗时约为 21.5 ms。该策略下间接法求解的收敛率、计算效率均得到改善，优于仅采用随机猜测方法的求解策略。

表 2.9　　本章方法和随机猜测方法初值猜测效果对比

方法	收敛率	平均迭代步数	平均函数调用次数	平均计算时间/ms
本章方法	1000/1000	16	48	13.0
随机猜测方法[17]	849/1000	49	217	48.5

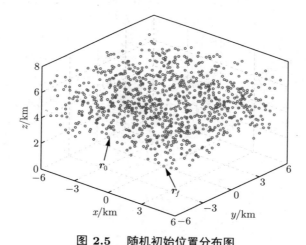

图 2.5　　随机初始位置分布图

表 2.10　　燃料最优问题求解结果

策略	收敛率	平均迭代步数	平均函数调用次数	平均计算时间/ms
燃料最优求解	994/1000	21	61	21.0
能量最优求解与同伦	6/6	—	—	100.0

2.6　本 章 小 结

本章建立了一种协态变量和标称轨道之间的映射关系，通过对一阶必要条件的理论分析和讨论，对轨迹优化问题的哈密顿函数及部分一阶必要条件的线性性质进行归纳，给出了线性映射方程和解析协态初值估计方法。该方法当标称轨道接近最优解时可以提供接近初始协态变量真实值的估计值，提高了传统间接法的收敛性和计算效率，较好地解决了间接法对初值猜测敏感及其初始化困难的问题。在方法应用上，本章给出了两种应用场景：能量最优和时间最优的行星际交会问题与燃料最优的月球精确着陆问题。针对行星际交会问题，本章推荐使用解析协态初值估计方法求解能量最优和时间最优问题，直接求解燃料最优问题则需要选取较好的标称轨道，可行性较差。着陆问题相对简单，本章给出了求解燃料最优问题的一种可行策略，兼具较高的计算效率和较好的适应性。

本章方法依赖于标称轨道的近优性假设，行星际交会问题的仿真测试表明，现有的几种标称轨道生成方法均可以得到能够收敛的协态估计值。相比随机猜测方法和线性化方法，本章方法具有较高的收敛率，不依赖于具体指标，具有良好的通用性。通常在给定指标下，最优推力大小条件也可以转化为线性等式或不等式约束加入线性映射方程，并提高解析协态初值估计的准确程度。

第 3 章 混合系统同伦延拓方法

3.1 本 章 引 论

本章研究间接法的同伦延拓方法的初始化问题。求解连续推力轨迹优化这一非线性最优控制问题，主要采用数值优化方法，根据求解目标的不同可以分为直接法和间接法，其中直接法的数值迭代目标是降低并最优化指标函数，而间接法的目标是减小该问题对应的一阶必要条件的残差。非线性最优控制问题可以根据上述方法分别建模并数值求解，但均需要一个良好的初始化方法。

直接法中离散节点处的状态和控制量初值可以由多种初步任务设计方法直接给出[194]，如解析形函数法[121,195]和反馈控制律[196]等。直接法的优化变量多，通常具有更大的收敛域，无须特殊处理即可由初步任务设计结果初始化并得到收敛结果；而间接法的收敛域相对较小[41]，对协态初值猜测十分敏感，且协态变量无明确物理意义，初始化难度更大[91]。第 2 章已经介绍了一些初值猜测方法和提高间接法收敛域的方法，如解析梯度矩阵[36]、开关机切换点检测[92]以及平滑化方法[103]等。但是在这些方法中，协态变量仍然需要提供猜测值以初始化相应的求解算法。依赖于解析协态初值估计方法，某些特定的情景易于求解，如弱引力场中小行星着陆问题[33]和小推力地心轨道转移问题[32]等。针对行星际问题，只有相对于近优标称轨道线性化后的能量最优问题可以解析求解[149]。但是这类估计方法在求解原复杂问题时难以保证收敛性。

在求解复杂非线性问题时，可以通过由相对简化的问题给出解析初值的策略提供初值猜测[197-198]，从而提高求解算法的收敛性。当考虑多圈、大椭圆以及大倾角轨迹的优化问题，尤其是燃料最优问题时，间接法求解一般采用同伦延拓方法（或平滑化方法）减小算法对初值的敏感程度。同伦延拓中相对简化的问题仍采用随机猜测或解析估计方法进行初始化[17,20,149]，但随机猜测需要反复尝试，而解析估计所依赖的近优标称轨道的求解十分复杂，需要消耗较多的计算资源。因此，猜测这类问题的协态变量的难度更大，解析初始化方法需要进一步的研究，探究建立简化问题具有解析解的同伦延拓方法是十分必要的。

　　本章介绍由两个子系统（优化问题）组成的混合系统的同伦延拓方法，以提高间接法的初始化效率。两个子系统具有不同指标和动力学方程，子系统 1 即为要求解的原轨迹优化问题，而子系统 2 的形式以及两个子系统间的耦合函数可以人为设计，通过研究混合系统的最优控制条件使原轨迹优化问题同某个简化问题联系起来。此外，本章将同伦延拓方法和混合系统相结合，同伦参数不再拘泥于传统文献[20,33]的特定设计，而是作为混合系统控制参数使用，具有联系两个不同的最优控制问题的功能。针对燃料最优轨迹优化问题，本方法可以使用简单的标称轨道设计解析初始化协态变量，具有很好的收敛率和计算效率。本章首先介绍混合系统的动力学和相应的最优控制问题，并推导其中新的一阶必要条件。随后介绍基于同伦延拓方法的求解算法，包括线性化问题的解析求解和非线性问题的数值求解，给出求解流程。最后通过求解两个典型的行星际燃料最优交会轨道问题算例说明本章方法的性能和优势。

3.2　混合系统同伦延拓优化问题

　　本节介绍混合系统模型，分为目标系统和混合系统。其中目标系统即是我们要求解的轨迹优化问题，与第 2 章的介绍基本相同；而混合系统则为目标系统和另一个简化系统的耦合，控制两个系统之间耦合的参数通过同伦参数设计。混合系统同伦延拓优化问题的最优控制及其一阶必要条件是后续使用打靶法数值求解的基础。

3.2.1　子系统模型及耦合函数

　　连续推力轨迹优化目标问题的性能指标和动力学模型分别为

$$J_1 = \int_{t_0}^{t_f} L_1\left(t, \boldsymbol{\xi}, \boldsymbol{u}_1\right) \mathrm{d}\, t \tag{3.1}$$

$$\dot{\boldsymbol{x}} = \boldsymbol{A}\left(\boldsymbol{x}, t\right) + \frac{T_{\max}}{m}\, \boldsymbol{B}\left(\boldsymbol{x}, t\right) \tau_1\, \hat{\boldsymbol{\alpha}}_1, \quad \boldsymbol{x}\left(t_0\right) = \boldsymbol{x}_0 \tag{3.2}$$

$$\dot{m} = -\frac{T_{\max}}{I_{\mathrm{sp}} g_0}\, \tau_1, \quad m\left(t_0\right) = m_0 \tag{3.3}$$

式中 $(*)_1$ 表示各物理量在子系统 1 的值，$\boldsymbol{\xi} = [\boldsymbol{x}^{\mathrm{T}}, m]^{\mathrm{T}}$ 为状态矢量，$\boldsymbol{u}_1 = \boldsymbol{u}_1\left(\tau_1, \hat{\boldsymbol{\alpha}}_1\right)$ 为控制矢量，其余各参数的定义均已在第 2 章中有所介绍，在此不再赘述。此优化问题中，仍采用了定比冲模型，但此处轨道动力学方程和性能指标 J_1 的形式比第 2 章的更具有一般性，性能指标中包含了推力方向，并且轨道动力学方程和性能指标均显含时间 t。

考虑由子系统 1 和子系统 2 组成的混合系统，系统的优化模型中性能指标和动力学方程分别定义为如下一般形式：

$$J = \int_{t_0}^{t_f} \left\{ \left[1 - \nu\left(t, \epsilon\right)\right] L_1\left(t, \boldsymbol{\xi}, \boldsymbol{u}_1\right) + \nu\left(t, \epsilon\right) L_2\left(t, \boldsymbol{\xi}, \boldsymbol{u}_2\right) \right\} \mathrm{d}\, t \tag{3.4}$$

$$\dot{\boldsymbol{\xi}} = \left[1 - \nu\left(t, \epsilon\right)\right] \boldsymbol{f}_1\left(t, \boldsymbol{\xi}, \boldsymbol{u}_1\right) + \nu\left(t, \epsilon\right) \boldsymbol{f}_2\left(t, \boldsymbol{\xi}, \boldsymbol{u}_2\right) \tag{3.5}$$

式中 $\nu\left(t, \epsilon\right)$ 为两个系统之间无量纲的耦合参数，取值范围为 $[0, 1]$。子系统 2 中控制矢量为 $\boldsymbol{u}_2$，性能指标为 $J_2 = \int_{t_0}^{t_f} L_2\left(t, \boldsymbol{\xi}, \boldsymbol{u}_2\right) \mathrm{d}\, t$，动力学方程为 $\dot{\boldsymbol{\xi}} = \boldsymbol{f}_2\left(t, \boldsymbol{\xi}, \boldsymbol{u}_2\right)$，其具体形式均需要进一步的人为设计。可以看出，混合系统优化模型可以通过耦合参数的变化在两个子系统之间切换，一般情形下耦合参数为一复杂函数，当它不取边界值时两个子系统共存。传统混合系统的耦合参数仅与时间有关（即 $\nu(t)$），在本章方法中耦合参数带有同伦参数 ϵ（即 $\nu(t, \epsilon)$），通过该方法可以人为设计混合系统的耦合程度。为了联系两个子系统，耦合参数需满足 $\nu(t, 0) = 0$ 和 $\nu(t, 1) = 1$，此时当 $\epsilon = 0$ 时混合系统即为子系统 1；当 $\epsilon = 1$ 时混合系统即为子系统 2，这和传统同伦延拓方法的思路是一致的。

基于以上模型，我们可以对传统同伦延拓方法简单总结。能量到燃料最优问题的同伦延拓方法采用 $\nu\,(t,\epsilon) = \epsilon$，$\boldsymbol{f}_2 = \boldsymbol{f}_1$，$\boldsymbol{u}_2 = \boldsymbol{u}_1$，但优化指标不同[17]；无引力到小天体弱引力场中着陆问题的同伦延拓方法采用 $\nu\,(t,\epsilon) = \epsilon$，$\boldsymbol{L}_2 = \boldsymbol{L}_1$，$\boldsymbol{u}_2 = \boldsymbol{u}_1$，但动力学方程不同[33]。因此，相比于这些同伦延拓方法，混合系统模型的优势在于其可以使同伦中简化问题和迭代过程的设计更普适，例如加入了新的控制量 $\boldsymbol{u}_2$、使用完全不同的动力学方程和性能指标、可以采用更复杂的耦合参数设计规律等。

在本章后续求解中，耦合参数采用如下设计：

$$\nu\,(t,\epsilon) = \begin{cases} 0, & \text{若} \quad t < t_s \\ 1, & \text{若} \quad t \geqslant t_s \end{cases} \tag{3.6}$$

其中 $t_s = t_f - \epsilon\,(t_f - t_0)$ 表示从子系统 1 到子系统 2 的切换时刻。在这种设计下，混合系统在时间域 $[t_0, t_s)$ 完全为子系统 1，在时间域 $[t_s, t_f]$ 完全为子系统 2，从而避免了两个系统同时起作用，每一瞬时系统的动力学方程和控制较为简单。此外，当同伦参数较大时，系统中大部分时间为简单系统，求解相对容易；当同伦参数较小时，子系统 2 的时间较短，简化模型相对较为准确，系统接近于子系统 1；此耦合参数设计符合轨道设计规律，从而使同伦延拓方法可以快速迭代。

3.2.2 混合系统最优控制

在上述模型的基础上，本节分析其最优控制问题的建模和求解。首先，建立系统的哈密顿函数为

$$\mathcal{H} = \left[1 - \nu\,(t,\epsilon)\right]\left[\boldsymbol{\lambda}_\xi \cdot \boldsymbol{f}_1\,(t,\boldsymbol{\xi},\boldsymbol{u}_1) + L_1\,(t,\boldsymbol{\xi},\boldsymbol{u}_1)\right] +$$
$$\nu\,(t,\epsilon)\left[\boldsymbol{\lambda}_\xi \cdot \boldsymbol{f}_2\,(t,\boldsymbol{\xi},\boldsymbol{u}_2) + L_2\,(t,\boldsymbol{\xi},\boldsymbol{u}_2)\right] \tag{3.7}$$

其中 $\boldsymbol{\lambda}_\xi$ 为状态矢量 $\boldsymbol{\xi}$ 对应的协态矢量。可以看出，两个子系统的控制量 $\boldsymbol{u}_1$ 和 $\boldsymbol{u}_2$ 是解耦的，它们的最优形式 $\boldsymbol{u}_1^\star$ 和 $\boldsymbol{u}_2^\star$ 应与单独考虑子系统 1 和子系统 2 时的最优控制规律相同。当求解具体问题时，目标问题决定了子系统 1 的控制量最优形式 $\boldsymbol{u}_1^\star$，而人为设计的简化问题决定了子系统 2 的控制量最优形式 $\boldsymbol{u}_2^\star$，这种解耦特性不仅使最优控制律的推导更为简单，

还容许人为设计虚拟控制量 $\boldsymbol{u}_2$ 的约束而不受目标问题的影响。欧拉–拉格朗日方程为

$$
\begin{aligned}
\dot{\boldsymbol{\lambda}}_\xi &= -\frac{\partial\,\mathcal{H}}{\partial\,\boldsymbol{\xi}} \\
&= \left[1 - \nu\,(t,\epsilon)\,\right]\left[\boldsymbol{\lambda}_\xi \cdot \frac{\partial\,\boldsymbol{f}_1\,(t,\boldsymbol{\xi},\boldsymbol{u}_1)}{\partial\,\boldsymbol{\xi}} + \frac{\partial\,L_1\,(t,\boldsymbol{\xi},\boldsymbol{u}_1)}{\partial\,\boldsymbol{\xi}}\right] + \\
&\quad \nu\,(t,\epsilon)\left[\boldsymbol{\lambda}_\xi \cdot \frac{\partial\,\boldsymbol{f}_2\,(t,\boldsymbol{\xi},\boldsymbol{u}_2)}{\partial\,\boldsymbol{\xi}} + \frac{\partial\,L_2\,(t,\boldsymbol{\xi},\boldsymbol{u}_2)}{\partial\,\boldsymbol{\xi}}\right]
\end{aligned} \tag{3.8}
$$

可以看出协态微分方程的耦合规律和两个子系统间的耦合规律相同。

若采用常规的耦合函数 $\nu\,(t,\epsilon) = \epsilon$，则构建混合系统的两点边值问题和单独求解子系统 1 时基本相同，打靶求解方法也相同。若采用式 (3.6) 形式的耦合函数，系统在切换点 $t = t_s$ 处增加的约束方程为

$$
t_s - t_f + \epsilon\,(t_f - t_0) = 0 \tag{3.9}
$$

$$
\boldsymbol{\xi}\,(t_s^+) - \boldsymbol{\xi}\,(t_s^-) = 0 \tag{3.10}
$$

式中上标 "−" 和 "+" 分别表示在切换点前后瞬时该物理量的值。因此，根据极大值原理，切换点处的协态变量是连续的，哈密顿函数不连续，对应的横截条件和静态条件分别为

$$
\boldsymbol{\lambda}_\xi\,(t_s^+) - \boldsymbol{\lambda}_\xi\,(t_s^-) = 0 \tag{3.11}
$$

$$
\mathcal{H}\,(t_s^-) - \mathcal{H}\,(t_s^+) + \chi = 0 \tag{3.12}
$$

若末端时刻自由，则末端时刻的静态条件修改为

$$
\mathcal{H}\,(t_f) + (\epsilon - 1)\,\chi = 0 \tag{3.13}
$$

因此，采用混合系统求解末端时刻固定的问题时，给定初始状态和协态变量，则可以积分常微分方程式 (3.5) 和式 (3.8)。切换时刻处状态和协态变量均连续，系统中最优控制律 $\boldsymbol{u}_1^\star$ 和 $\boldsymbol{u}_2^\star$ 分别与单独考虑子系统 1 和子系统 2 时相同。以考虑交会问题为例，末端时刻固定时打靶条件为末端轨道状态矢量与目标相同，末端质量协态为零。当求解末端时刻自

由问题时，需要结合式 (3.12) 和式 (3.13)，消掉待定乘子 χ，打靶方程为

$$\phi\left(\left[\boldsymbol{\lambda}_\xi^\mathrm{T}\left(t_0\right),t_f\right]^\mathrm{T}\right)=\begin{bmatrix}\boldsymbol{x}\left(t_f\right)-\boldsymbol{x}_f\\[2mm]\lambda_m\left(t_f\right)\\[2mm]\mathcal{H}\left(t_f\right)+(\epsilon-1)\left[\mathcal{H}\left(t_s^+\right)-\mathcal{H}\left(t_s^-\right)\right]\end{bmatrix}=\boldsymbol{0}\quad(3.14)$$

式中 $\left[\boldsymbol{\lambda}_\xi^\mathrm{T}\left(t_0\right),t_f\right]^\mathrm{T}$ 为打靶变量。可以验证，打靶方程和打靶变量的个数保持一致，总是相等的。

3.3 基于同伦延拓方法的数值求解

当求解燃料最优问题时，间接法对初值猜测十分敏感[16,45]。在文献 [149] 中采用形函数生成标称轨道，求解标称轨道附近线性化能量最优问题，以初始化能量到燃料最优的同伦过程。但是对于多圈问题，此文献中的标称轨道接近最优解这一假设很难满足，例如在春分点轨道根数描述下，使用简单的逆多项式形函数[132]方法求解地球至小行星 Dionysus 的 5 圈能量最优交会的成功率仅为 14.4%，只有用更加复杂的带参数优化的傅里叶级数形函数[135]才可以将成功率提高到 88.8%。在本节中，这一线性化模型处理为子系统 2，以简单形式的标称轨道提供解析协态初值；燃料最优问题处理为子系统 1；最后使用混合系统同伦延拓方法数值求解燃料最优问题。

3.3.1 线性化问题的解析求解

将子系统 2 设计为一线性最优控制问题，指标函数和动力学方程分别为

$$J_2=\int_{t_s}^{t_f}L_2\left(t,\boldsymbol{\xi},\boldsymbol{u}_2\right)\mathrm{d}\,t=\beta\int_{t_s}^{t_f}\left(\tau_2^2+1\right)\mathrm{d}\,t\quad(3.15)$$

$$\dot{\boldsymbol{x}}=\boldsymbol{C}\left(\boldsymbol{x}_n,t\right)\boldsymbol{x}+\frac{T_{\max}}{m}\,\boldsymbol{B}\left(\boldsymbol{x}_n,t\right)\tau_2\hat{\boldsymbol{\alpha}}_2+\boldsymbol{D}\left(\boldsymbol{x}_n,t\right),\quad\boldsymbol{x}\left(t_s\right)=\boldsymbol{x}_s\quad(3.16)$$

式中指标 J_2 是能量消耗和飞行时间的混合，$\beta\in\mathbb{R}^+$ 是根据子系统 1 指标 L_1 选取的常数，$\boldsymbol{x}_n$ 是需要进一步设计的标称轨道。需要指出的是，此

处指标的选取和文献 [185] 相同。另外，控制量 $\boldsymbol{u}_2$ 的大小 τ_2 不再具有最大值约束，此系统的质量认为保持不变，即 $\dot{m} = 0$，可以保证线性系统 2 具有解析解。矩阵 $\boldsymbol{C}$ 和 $\boldsymbol{D}$ 定义为

$$\boldsymbol{C}\left(\boldsymbol{x}_n,\, t\right) \triangleq \left. \partial \boldsymbol{A}\left(\boldsymbol{x},\, t\right) / \partial \boldsymbol{x} \right|_{\boldsymbol{x}=\boldsymbol{x}_n} \tag{3.17}$$

$$\boldsymbol{D}\left(\boldsymbol{x}_n,\, t\right) \triangleq \boldsymbol{A}\left(\boldsymbol{x}_n,\, t\right) - \boldsymbol{C}\left(\boldsymbol{x}_n,\, t\right) \boldsymbol{x}_n \tag{3.18}$$

采用春分点轨道根数描述，标称轨道取为简单的线性形式，即

$$\boldsymbol{x}_n\left(t\right) = \boldsymbol{x}_s + \frac{\boldsymbol{x}_f - \boldsymbol{x}_s}{t_f - t_s}\left(t - t_s\right) \tag{3.19}$$

下面推导此线性系统的解析协态变量初始值，系统的哈密顿函数为

$$\mathcal{H}_2 = \boldsymbol{\lambda}_x \cdot \left[\boldsymbol{C}\left(t\right) \boldsymbol{x} + \frac{T_{\max}}{m}\boldsymbol{B}\left(t\right) \tau_2\, \hat{\boldsymbol{\alpha}}_2 + \boldsymbol{D}\left(t\right)\right] + \beta\left(\tau_2^2 + 1\right) \tag{3.20}$$

其中 $\boldsymbol{\lambda}_x \in \mathbb{R}^6$ 是轨道状态矢量 $\boldsymbol{x}$ 对应的协态矢量。为最小化哈密顿函数，最优控制取为

$$\hat{\boldsymbol{\alpha}}_2^\star = -\frac{\boldsymbol{B}^{\mathrm{T}}\boldsymbol{\lambda}_x}{\left\|\boldsymbol{B}^{\mathrm{T}}\boldsymbol{\lambda}_x\right\|}, \qquad \tau_2^\star = \frac{T_{\max}}{2m\beta}\left\|\boldsymbol{B}^{\mathrm{T}}\boldsymbol{\lambda}_x\right\| \tag{3.21}$$

将式 (3.21) 代入式 (3.16)，并推导相应的欧拉–拉格朗日方程，可以将状态变量和协态变量的微分方程联立给出：

$$\begin{bmatrix} \dot{\boldsymbol{x}} \\ \dot{\boldsymbol{\lambda}}_x \end{bmatrix} = \begin{bmatrix} \boldsymbol{C} & -\dfrac{T_{\max}^2}{2m^2\beta}\boldsymbol{B}\boldsymbol{B}^{\mathrm{T}} \\ \boldsymbol{0} & -\boldsymbol{C}^{\mathrm{T}} \end{bmatrix} \begin{bmatrix} \boldsymbol{x} \\ \boldsymbol{\lambda}_x \end{bmatrix} + \begin{bmatrix} \boldsymbol{D} \\ \boldsymbol{0} \end{bmatrix}$$

$$= \boldsymbol{F}\left(t\right) \begin{bmatrix} \boldsymbol{x} \\ \boldsymbol{\lambda}_x \end{bmatrix} + \begin{bmatrix} \boldsymbol{D}\left(t\right) \\ \boldsymbol{0} \end{bmatrix} \tag{3.22}$$

此处 $\boldsymbol{F}\left(t\right)$ 是 12×12 的时变矩阵，$\boldsymbol{F}$ 和 $\boldsymbol{D}$ 均依赖于时间和标称轨道的选取。至此，我们得到一个线性时变系统，其解析积分为

$$\begin{bmatrix} \boldsymbol{x}\left(t_f\right) \\ \boldsymbol{\lambda}_x\left(t_f\right) \end{bmatrix} = \boldsymbol{\Phi}\left(t_f,\, t_s\right) \begin{bmatrix} \boldsymbol{x}\left(t_s\right) \\ \boldsymbol{\lambda}_x\left(t_s\right) \end{bmatrix} + \begin{bmatrix} \boldsymbol{z}\left(t_f,\, t_s\right) \\ \boldsymbol{0} \end{bmatrix} \tag{3.23}$$

其中 $\boldsymbol{\Phi}\left(t_f, t_s\right) = \left[\boldsymbol{\Phi}_{11}, \boldsymbol{\Phi}_{12}; \mathbf{0}, \boldsymbol{\Phi}_{22}\right]$ 为 12×12 的状态转移矩阵，由四个 6×6 矩阵组成，列向量 $\boldsymbol{z}$ 表示积分 $\boldsymbol{z} = \displaystyle\int_{t_s}^{t_f} \boldsymbol{\Phi}_{11}\left(t_f, t\right) \boldsymbol{D}\left(t\right) \mathrm{d}\,t$。尽管此处推导和第 2 章中线性欧拉–拉格朗日方程解析积分的推导类似，但两者维度不同，物理意义也不相同。此处的解析积分不仅有线性欧拉–拉格朗日方程部分还有对应的线性轨道动力学方程部分，但除去了质量及其协态的微分方程。状态转移矩阵 $\boldsymbol{\Phi}$ 和列向量 $\boldsymbol{z}$ 的微分方程及其初始条件分别为

$$\dot{\boldsymbol{\Phi}}\left(t, t_s\right) = \boldsymbol{F}\left(t\right) \boldsymbol{\Phi}\left(t, t_s\right), \quad \boldsymbol{\Phi}\left(t_s, t_s\right) = \boldsymbol{I}_{12 \times 12} \tag{3.24}$$

$$\dot{\boldsymbol{z}}\left(t\right) = \boldsymbol{C}\left(t\right) \boldsymbol{z}\left(t\right) + \boldsymbol{D}\left(t\right), \quad \boldsymbol{z}\left(t_s\right) = \mathbf{0} \tag{3.25}$$

方程 (3.23) 给出状态和协态末值 $\left[\boldsymbol{x}\left(t_f\right), \boldsymbol{\lambda}_x\left(t_f\right)\right]$ 与它们的初始值 $\left[\boldsymbol{x}\left(t_s\right), \boldsymbol{\lambda}_x\left(t_s\right)\right]$ 之间的线性仿射变换。变换关系可以通过积分式 (3.24) 和式 (3.25) 得到。

针对行星际轨道交会问题，末端状态和交会目标状态相同，末端质量自由，即

$$\boldsymbol{x}\left(t_f\right) = \boldsymbol{x}_f\left(t_f\right) \tag{3.26}$$

由于质量在子系统 2 中为常数，质量协态不影响此问题的解，可以设此系统中质量协态为常数，即 $\dot{\lambda}_m = 0$。根据横截条件，末端质量自由，则末端质量协态为零，因此有

$$\lambda_m\left(t_s\right) = \lambda_m\left(t_f\right) = 0 \tag{3.27}$$

将式 (3.23) 代入式 (3.26)，并求解线性方程组，可得轨道状态 $\boldsymbol{x}$ 对应的协态变量初始值为

$$\boldsymbol{\lambda}_x\left(t_s\right) = \boldsymbol{\Phi}_{12}^{-1}\left(\boldsymbol{x}_f - \boldsymbol{x}_s - \boldsymbol{z}\right) \tag{3.28}$$

以上两个方程即为线性化子系统的解析解。当 $\epsilon = 1$ 时，切换时刻 t_s 即为初始时刻 t_0，式 (3.28) 即为混合系统在 $\epsilon = 1$ 时的两点边值问题的解，可以为同伦过程提供解析初始化。

3.3.2　非线性问题的数值求解

　　为求解原非线性动力学方程下的燃料最优问题，子系统 1 和子系统 2 的指标函数分别设置为

$$L_1 = \frac{T_{\max}}{I_{\mathrm{sp}}\, g_0}\, \tau_1, \quad \beta = \frac{T_{\max}}{I_{\mathrm{sp}}\, g_0} \tag{3.29}$$

将式 (3.29) 和耦合函数式 (3.6) 代入混合系统指标函数式 (3.4)，整理可得

$$J = \frac{T_{\max}}{I_{\mathrm{sp}}\, g_0} \left[\int_{t_0}^{t_s} \tau_1 \,\mathrm{d}\, t + \int_{t_s}^{t_f} \left(\tau_2^2 + 1 \right)\, \mathrm{d}\, t \right] \tag{3.30}$$

混合系统的动力学方程即为

$$\begin{cases} \dot{\boldsymbol{x}} = \begin{cases} \boldsymbol{A}\,(\boldsymbol{x},\, t) + \dfrac{T_{\max}}{m}\, \boldsymbol{B}\,(\boldsymbol{x},\, t)\, \tau_1\, \hat{\boldsymbol{\alpha}}_1, & \text{若} \quad t < t_s \\[3mm] \boldsymbol{C}\,(t)\, \boldsymbol{x} + \dfrac{T_{\max}}{m}\, \boldsymbol{B}\,(t)\, \tau_2\, \hat{\boldsymbol{\alpha}}_2 + \boldsymbol{D}\,(t), & \text{若} \quad t \geqslant t_s \end{cases}, \quad \boldsymbol{x}\,(t_0) = \boldsymbol{x}_0 \\[6mm] \dot{m} = -\dfrac{T_{\max}}{I_{\mathrm{sp}}\, g_0}\, \tau_1, \quad \text{若} \quad t < t_s, \quad m\,(t_0) = m_0 \end{cases} \tag{3.31}$$

其中当 $t < t_s$ 时推力大小 τ_1 满足约束 $\tau_1 \in [0,\, 1]$。矩阵 $\boldsymbol{A}\,(\boldsymbol{x},\, t)$ 和 $\boldsymbol{B}\,(\boldsymbol{x},\, t)$ 的具体表达式可参考第 2 章的介绍，根据式 (3.17) ~ 式(3.19)，可进一步得到矩阵 $\boldsymbol{C}\,(t)$、$\boldsymbol{B}\,(t)$ 以及 $\boldsymbol{D}\,(t)$ 的表达式，同时在切换时刻处所有的状态均连续。

　　根据混合系统最优控制，此问题的哈密顿函数为

$$\mathcal{H} = \begin{cases} \boldsymbol{\lambda}_x \cdot \left[\boldsymbol{A}\,(\boldsymbol{x},\, t) + \dfrac{T_{\max}}{m}\, \boldsymbol{B}\,(\boldsymbol{x},\, t)\, \tau_1\, \hat{\boldsymbol{\alpha}}_1 \right] + \\[3mm] (1 - \lambda_m)\, \dfrac{T_{\max}}{I_{\mathrm{sp}}\, g_0}\, \tau_1, & \text{若} \quad t_0 < t_s \\[4mm] \boldsymbol{\lambda}_x \cdot \left[\boldsymbol{C}\,(t)\, \boldsymbol{x} + \dfrac{T_{\max}}{m}\, \boldsymbol{B}\,(t)\, \tau_2\, \hat{\boldsymbol{\alpha}}_2 + \boldsymbol{D}\,(t) \right] + \\[3mm] \dfrac{T_{\max}}{T_{\mathrm{sp}}\, g_0}\, \left(\tau_2^2 + 1 \right), & \text{若} \quad t_0 \geqslant t_s \end{cases} \tag{3.32}$$

由于两个子系统的最优控制是解耦的，两者作用的时间域不同，不再以下标进行区分，最优控制可以合写为

$$
\hat{\boldsymbol{\alpha}}^{\star} = -\frac{\boldsymbol{B}^{\mathrm{T}}\boldsymbol{\lambda}_x}{\left\|\boldsymbol{B}^{\mathrm{T}}\boldsymbol{\lambda}_x\right\|}, \qquad \tau^{\star} = \begin{cases} 1, & \text{若} \quad t_0 < t_s,\ \rho < 0 \\[2mm] 0, & \text{若} \quad t_0 < t_s,\ \rho > 0 \\[2mm] \dfrac{I_{\mathrm{sp}}\,g_0}{2\,m}\left\|\boldsymbol{B}^{\mathrm{T}}\boldsymbol{\lambda}_x\right\|, & \text{若} \quad t_0 \geqslant t_s \end{cases}
\tag{3.33}
$$

其中矩阵 $\boldsymbol{B}$ 在时间域 $[t_0,\ t_s)$ 的表达式是 $\boldsymbol{B}\,(\boldsymbol{x},\ t)$；在时间域 $[t_s,\ t_f]$ 的表达式为 $\boldsymbol{B}\,(\boldsymbol{x}_n,\ t)$。切换函数 $\rho^{[17]}$ 的表达式为

$$
\rho = 1 - \frac{I_{\mathrm{sp}}\,g_0\,\left\|\boldsymbol{B}^{\mathrm{T}}\boldsymbol{\lambda}_x\right\|}{m} - \lambda_m
\tag{3.34}
$$

仍假设切换函数仅在有限个离散点处取零，不考虑奇异控制，最优控制在时间域 $[t_0,\ t_s)$ 为砰砰控制[103]。欧拉–拉格朗日方程为

$$
\begin{cases} \dot{\boldsymbol{\lambda}}_x = \begin{cases} -\left[\dfrac{\partial \boldsymbol{A}\,(\boldsymbol{x},\ t)}{\partial \boldsymbol{x}} + \dfrac{T_{\max}}{m}\,\dfrac{\partial \boldsymbol{B}\,(\boldsymbol{x},\ t)}{\partial \boldsymbol{x}}\,\tau\,\hat{\boldsymbol{\alpha}}\right]^{\mathrm{T}}\boldsymbol{\lambda}_x, & \text{若} \quad t < t_s \\[3mm] -\boldsymbol{C}^{\mathrm{T}}\,(t)\,\boldsymbol{\lambda}_x, & \text{若} \quad t \geqslant t_s \end{cases} \\[6mm] \dot{\lambda}_m = -\dfrac{T_{\max}\,\tau}{m^2}\,\left\|\boldsymbol{B}\boldsymbol{\lambda}_x\right\|, \quad \text{若} \quad t < t_s \end{cases}
\tag{3.35}
$$

其中协态变量 $\boldsymbol{\lambda}_x$ 和 λ_m 在切换点 t_s 处连续，质量协态在时间域 $[t_s,\ t_f]$ 上为常数（当 $t \geqslant t_s$ 时，$\dot{\lambda}_m = 0$）。

最后，燃料最优问题的求解即转化为迭代求解一系列两点边值问题。当 $\epsilon = 1$ 时，两点边值问题的解为线性子系统的解析解，即式 (3.27) 和式 (3.28)。而后，迭代降低 ϵ 的值，并将前一个收敛解代入求解当前两点边值问题，在给定协态初始值 $\boldsymbol{\lambda}_{\xi}\,(t_0)$ 和状态初始值 $[\boldsymbol{x}_0^{\mathrm{T}},\ m_0]^{\mathrm{T}}$ 后，积分常微分方程 (3.31) 和方程 (3.35)，其中最优控制取为式 (3.33)。每一步迭代的两点边值问题打靶方程为

$$
\boldsymbol{\phi}\big(\boldsymbol{\lambda}_{\xi}\,(t_0)\big) = \left[\boldsymbol{x}^{\mathrm{T}}\,(t_f) - \boldsymbol{x}_f^{\mathrm{T}},\ \lambda_m\,(t_f)\right]^{\mathrm{T}} = \boldsymbol{0}
\tag{3.36}
$$

即燃料最优问题的解可以通过解析初始化结合混合系统同伦延拓方法求解，求解流程如算法 3.1 所示。

算法 3.1　　基于解析初始化的同伦求解算法

输入：当 $\epsilon_0 = 1$ 时 $\boldsymbol{\lambda}_\xi(t_0)$ 的值，即 $\boldsymbol{\lambda}_x(t_0) = \boldsymbol{\Phi}_{12}^{-1}(\boldsymbol{x}_f - \boldsymbol{x}_0 - \boldsymbol{z})$ 和 $\boldsymbol{\lambda}_m(t_0) = 0$。

输出：当 $\epsilon_{\mathrm{tar}} = 0$ 时 $\boldsymbol{\lambda}_\xi(t_0)$ 的值，即燃料最优解。

$\epsilon_0 = 1$

$\epsilon_{\mathrm{tar}} = 0$

$\Delta\epsilon = 0.2$

$\epsilon_1 = \epsilon_0 - \Delta\epsilon$

$n = 1$

while $\epsilon_n > \epsilon_{\mathrm{tar}}$ **do**

　　以 $\boldsymbol{\lambda}_\xi(t_0)$ 为初值打靶求解 ϵ_n 对应的两点边值问题

　　if 收敛 **then**

　　　　更新 $\boldsymbol{\lambda}_\xi(t_0)$

　　　　$\Delta\epsilon = \min\{0.2, \epsilon_n - \epsilon_{\mathrm{tar}}\}$

　　　　$\epsilon_{n+1} = \epsilon_n - \Delta\epsilon$

　　　　$n = n + 1$

　　else

　　　　$\Delta\epsilon = 0.5\,\Delta\epsilon$

　　　　$\epsilon_n = \epsilon_{n-1} - \Delta\epsilon$

　　end if

end while

通常来讲，若每一步迭代均可以收敛，则仅需要 5 步同伦即可求解成功，同伦的目标序列为 $\epsilon_n = 0.8,\ 0.6,\ 0.4,\ 0.2,\ 0.0$；若其中存在不收敛的情况，则需要减小步长重新迭代，总同伦步数和仿真耗时均会增加。仿真计算中，编程语言、积分器和打靶求解算法均与第 2 章中所使用的相同，打靶算法 Minpack 的输入参数 "factor" 设置为 $0.01^{[17]}$。

3.4　算例与分析

本节将求解两个典型场景的燃料最优问题：地球至小行星 Tempel 1 交会问题[195] 以及地球至小行星 Dionysus 交会问题[20]。这两个交会目标在第 2 章算例中均有涉及，但仅讨论了能量最优和时间最优轨迹优化问题的求解，本节中将进一步讨论燃料最优问题的求解。地球和各个目标在 J2000 日心黄道参考系中的位置速度可以查询 JPL 实验室的 Horizons

系统，相应时刻的春分点轨道根数通过转换坐标描述方法得到。仿真中采用无量纲化单位，其中长度单位为天文单位，时间单位为年，质量单位为航天器初始质量，上述各常数以及太阳引力常数数值均与第 2 章中的介绍相同，本章所用仿真软件为 Microsoft Visual Studio 2012。

两个任务场景的参数设置和边界条件分别如表 3.1 和表 3.2 所示，其中小行星 Tempel 1 的轨道半长轴为 3.126623 AU，偏心率为 0.51，轨道倾角为 10.47°；小行星 Dionysus 的轨道半长轴为 2.209602 AU，偏心率为 0.542，轨道倾角为 13.54°，两者均为典型的较大倾角椭圆轨道。两个任务中交会轨迹较为复杂，近优标称轨道设计困难，适合使用本章方法求解。当航天器的初始推力加速度 $T_{\max}/m_0$ 较大时，飞行圈数相对较少，求解相对容易；而第二个任务中航天器的初始推力加速度较小（约为第一个任务参数的 1/8），飞行圈数较多，求解更为困难。采用春分点轨道描述，两个任务场景中的交会轨迹的圈数已在表 3.2 中由末端真经度给出。

表 3.1　　两个任务场景中航天器参数设置

任务场景	出发时间	任务时间/d	$I_{\rm sp}$/s	$T_{\max}$/N	m_0/kg
地球至 Tempel 1	2015 年 8 月 9 日	420	3000	0.60	1000
地球至 Dionysus	2012 年 12 月 23 日	3534	3000	0.32	4000

表 3.2　　两个任务场景的边界条件设置

状态量	归一化数值
	地球至 Tempel 1
$\boldsymbol{\xi}_0$	$[1.000064, -0.003764, 0.015791, -1.211 \times 10^{-5},$ $-4.514 \times 10^{-6}, 5.51356, 1.0]^{\rm T}$
$\boldsymbol{x}_f$	$[2.328616, -0.191235, 0.472341, -0.033222,$ $0.085426, 4.96395 + 2\pi]^{\rm T}$
	地球至 Dionysus
$\boldsymbol{\xi}_0$	$[0.999316, -0.004023, 0.015873, -1.623 \times 10^{-5},$ $1.667 \times 10^{-5}, 1.59491, 1.0]^{\rm T}$
$\boldsymbol{x}_f$	$[1.555261, 0.152514, -0.519189, 0.016353,$ $0.117461, 2.36696 + 10\pi]^{\rm T}$

3.4.1　地球至小行星 Tempel 1 交会问题

按照上述参数设置仿真，表 3.3 给出了当同伦参数逐渐降低时，相应的两点边值问题求解结果，求解共需要 5 步同伦，每步同伦参数按照 $\Delta\epsilon = 0.2$ 递减。$\epsilon = 1.0$ 时协态初始值可以解析得到，计算耗时为 $0.9\,\mathrm{ms}$；燃料最优解为 $\epsilon = 0.0$ 时的初始协态值，总计算耗时为 $234.0\,\mathrm{ms}$。可以看出，随着参数的降低，质量协态逐渐增大，其余各协态均逐渐逼近燃料最优解，$\epsilon = 0.2$ 时各协态值基本和燃料最优解接近，因此 $\Delta\epsilon = 0.2$ 是较为合理的步长。

表 3.3　地球至 Tempel 1 交会问题不同同伦参数对应的两点边值问题的初始协态解

ϵ	λ_x	λ_m
1.0	$[1.0886, -1.4633, -0.4035, -0.4932, -1.1442, -0.4759]^{\mathrm{T}}$	0.0
0.8	$[-0.0301, -0.4552, 0.1153, -0.6268, -1.3944, -0.0785]^{\mathrm{T}}$	0.0237
0.6	$[-0.1641, -0.2707, 0.0646, -0.3318, -1.5481, -0.0454]^{\mathrm{T}}$	0.0969
0.4	$[-0.2909, -0.1151, 0.0438, -0.1760, -1.3584, -0.0324]^{\mathrm{T}}$	0.1189
0.2	$[-0.1803, -0.1930, -0.0095, 0.0714, -1.0786, -0.0482]^{\mathrm{T}}$	0.2483
0.0	$[-0.1788, -0.1088, -0.0088, 0.0587, -0.7141, -0.0257]^{\mathrm{T}}$	0.4253

同伦过程中各个解的推力大小随时间变化曲线如图 3.1 所示，子系统 1 中航天器质量随时间变化曲线如图 3.2 所示，切换时刻之后子系统 2 中质量为常数，在图中省略。可以看到，随着同伦参数的降低，切换时刻从初始时刻逐步变为末端时刻，控制律在切换时刻之前为砰砰控制，切换时刻之后为虚拟的解析控制律，此控制律无推力幅值约束，所以图 3.1 中存在 $\tau > 1.0$ 的弧段。燃料最优解包括两个滑行弧段和三个开机弧段，其中最短的开机弧段为初始时刻开始开机 $0.63\,\mathrm{d}$，总的开机时长为 $197.7\,\mathrm{d}$，总的燃料消耗为 $348.26\,\mathrm{kg}$。此外，同伦过程中各个解的开关机时刻在逐步演化，当同伦参数接近零时，能够很好地估计燃料最优解的开关机时刻和各弧段的个数。

为说明该方法的性能和优势，本节讨论两种依赖于随机猜测初值的同伦延拓方法，即能量到燃料最优同伦延拓方法[17] 和双曲正切函数平滑化方法[103]，其中文献 [17] 采用了将初始协态变量归一化到 8 维的单位球面方法，在此范围内随机猜测；文献 [103] 预先设定了随机猜测初始协态变量的范围，即假设 $\boldsymbol{\lambda}(t_0) \in [0, 0.1]$。当采用随机猜测初值方法时，本节按照相应的方法随机产生了 1000 组协态变量初始值作为初值猜测，用于求解相应的简单问题（$\epsilon = 1.0$ 对应的问题），并在初始化成功后同伦求解燃料最优问题。能量到燃料最优同伦采用和本章相同的同伦步骤，双曲正切函数平滑化方法采用的同伦参数序列为 $\epsilon_n = 1.0, 0.1, 0.01, 1.0 \times 10^{-3}, 1.0 \times 10^{-4}, 1.0 \times 10^{-5}$[103]。通过统计各方法获得的燃料最优解的个数计算收敛率，当 1000 组全部得到燃料最优解时收敛率为 100%。各方法的性能通过评估收敛率和以下几个指标进行对比：① 平均初始化耗时，即平均得到一个简单问题收敛解的计算时间；② 平均同伦步数和耗时，即平均每个同伦过程所需的迭代步数以及相应的计算时间；③ 平均总计算耗时，即总仿真时间除以燃料最优解的个数。

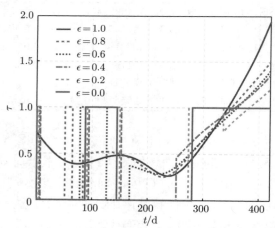

图 3.1　　推力大小随时间和同伦参数变化的曲线图（前附彩图）

各方法的仿真结果如表 3.4 所示，燃料最优轨迹和协态变量结果均和上文介绍的解相同，本章方法的性能和优势体现在三个方面：① 该方法可以实现 100% 的收敛率，高于能量到燃料最优同伦延拓方法，此处的收敛率 82.1% 代表部分猜测初值下能量最优问题求解失败，各个方法的同伦过程均没有出现失败情况；② 该方法初始化耗时短，解析初始化优势明显；③ 各方法同伦过程的迭代步数和计算耗时基本接近。因此，本章方法的总计算耗时缩短，收敛率高，计算性能提升显著。

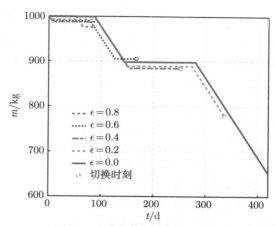

图 3.2　子系统 1 中航天器质量随时间和同伦参数变化的曲线图（前附彩图）

表 3.4　各个方法求解地球至 Tempel 1 燃料最优轨迹的仿真结果

方法	收敛率/%	初始化耗时/ms	同伦步数	同伦耗时/ms	总耗时/ms
本章方法	100	0.9	5	233.0	233.9
能量到燃料同伦[17]	82.1	253.8	6.2	277.9	531.7
双曲正切平滑化[103]	100	34.8	5	227.8	262.6

3.4.2　地球至小行星 Dionysus 交会问题

此问题交会轨迹的圈数较多，航天器初末真经度的差值约为第一个问题的 5 倍；其燃料最优解的开关机次数多，求解相对困难。表 3.5 给出了采用本章方法的同伦过程结果，仍然仅需要 5 步迭代，即可得到燃料最优解。当 $\epsilon = 1.0$ 时，解析求解协态初值，计算时间为 4.9 ms，同样约为第一个算例的 5 倍；当迭代至 $\epsilon = 0.0$ 时，求解得到燃料最优解，总计算耗时为 418.9 ms。随着同伦参数逐渐降低，质量协态逐渐增大，其余协态基本保持恒正或恒负，随 ϵ 的降低而增大或减小，即协态矢量的演化方向基本是固定的，随 ϵ 降低而逐步接近燃料最优解的协态变量。

同伦过程中推力大小随时间的变化曲线如图 3.3 所示，子系统 1 中航天器质量随时间的变化曲线如图 3.4 所示，由于推力曲线较为复杂，此处为了清晰表示故而省略了 $\epsilon = 0.4$ 对应的结果。燃料最优解包括了 7 个滑行弧段和 6 个开机弧段，不同同伦参数下混合系统的结果均给出了较为准确的开机时间和弧段个数的预测，随着参数的降低，最优推力大小从解析控制逐步变为砰砰控制。燃料最优解的总开机时间为 1361.5 d，消耗燃料 1279.93 kg，与文献 [103] 中的结果（1281.69 kg）基本吻合，此偏差量推测为 JPL 星历的不同查询时间导致初末轨道状态稍有不同。

表 3.5　地球至 Dionysus 交会问题不同同伦参数对应的两点边值问题的初始协态解

ϵ	λ_x	λ_m
1.0	$[-0.5986, -0.1924, 0.5063, -0.3190, -1.2703, 0.0112]^{\mathrm{T}}$	0.0
0.8	$[-0.5143, -0.0876, 0.3085, -0.2241, -1.0047, 0.0031]^{\mathrm{T}}$	0.1482
0.6	$[-0.4878, -0.0863, 0.2306, -0.2749, -0.9943, 0.0038]^{\mathrm{T}}$	0.2000
0.4	$[-0.4196, -0.0748, 0.2094, -0.2883, -0.8983, 0.0021]^{\mathrm{T}}$	0.2535
0.2	$[-0.3860, -0.0530, 0.1801, -0.2392, -0.6240, 0.0005]^{\mathrm{T}}$	0.3248
0.0	$[-0.3462, -0.0572, 0.1689, -0.2215, -0.5431, 0.0003]^{\mathrm{T}}$	0.3897

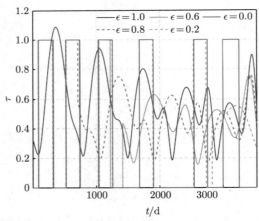

图 3.3　推力大小随时间和同伦参数变化的曲线图（前附彩图）

类似于第一个问题中的对比研究，表 3.6 给出了各个方法求解此问题的仿真结果。可以看到，本章方法仍保持了 100% 的收敛率，而能量到燃料最优问题同伦延拓方法的收敛率仅为 39.8%，双曲正切函数平滑化方法的收敛率为 68.3%，均低于本章方法的收敛率。此外，在初始化部分，本章方法的计算用时仅为 4.9 ms，大幅领先于另两种方法的初始化耗时

（分别为 1517.7 ms 和 468.5 ms）。同伦迭代过程的计算用时为 414.0 ms，略高于另两种方法同伦耗时（分别为 319.6 ms 和 350.1 ms）。本章方法的总计算效率约为能量到燃料最优同伦延拓方法的 4 倍，是双曲正切平滑化方法的 2 倍左右。此外，各个方法的同伦过程均可以成功得到燃料最优解，成功率较高。但由于随机猜测求解简单问题初始化成功的概率较低，而且初始化失败也需要打靶求解之后才能判断，所以总体上随机猜测初始化的效率较低，而解析协态初始化并同伦的策略具有更高的计算效率。

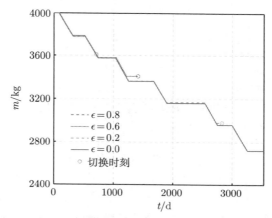

图 3.4　子系统 1 中航天器质量随时间和同伦参数变化的曲线图（前附彩图）

表 3.6　各个方法求解地球至 Dionysus 燃料最优轨迹仿真结果

方法	收敛率/%	初始化耗时/ms	同伦步数	同伦耗时/ms	总耗时/ms
本章方法	100	4.9	5	414.0	418.9
能量到燃料同伦[17]	39.8	1517.7	5	319.6	1837.3
双曲正切平滑化[103]	68.3	468.5	5	350.1	818.6

另外，地球到小行星 Tempel 1 和 Dionysus 的两个任务场景的燃料最优轨迹如图 3.5 所示，两个子图分别展示了在黄道面内轨迹的投影和 3 维空间的轨迹。两个结果中目标均具有较大的轨道倾角，因此 3 维轨迹具有较为明显的黄道面外位移。其中地球至 Tempel 1 的轨迹是单圈的，可以由本章方法和传统方法快速求解；而地球至 Dionysus 的轨迹圈数较

多，协态变量初始值难以准确地猜测，本章方法可以通过混合系统解析初始化，具有比传统方法更高的收敛率和计算效率，适合求解此类问题。

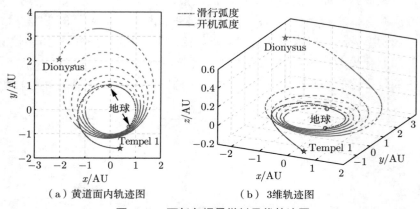

（a）黄道面内轨迹图　　　　（b）3维轨迹图

图 3.5　两任务场景燃料最优轨迹图

3.5　本 章 小 结

本章研究了带同伦参数的混合系统同伦延拓问题，对混合系统中子系统的形式和耦合函数进行了设计，可以用带同伦参数的耦合函数表示原问题和简单问题之间的联系，使简单问题的设计更普适。通过讨论以同伦函数定义切换时刻的耦合函数及其对应混合系统的新的一阶必要条件，本章给出了此种耦合形式下的最优控制问题解法。以线性化动力学方程、能量消耗和飞行时间为混合最优指标、无约束的控制量构建燃料最优问题对应的简单问题，实现了解析初始化和基于混合系统的同伦求解。考虑多圈、大偏心率和大倾角的行星际交会问题，本章给出了两个典型任务的解析协态初值求解和数值迭代求解算例，探讨了混合系统同伦过程协态变量的演变规律。相比于传统能量到燃料最优同伦延拓方法和双曲正切平滑化方法，本章方法具有较高的收敛率，显著提高了初始化过程的计算效率，同时同伦迭代步数基本保持不变。

本章方法无法保证同伦过程的求解效率，仍然局限于解决间接法对初值猜测敏感的问题。按照第 2 章的讨论，本章尝试了解决这一问题的另一个思路，即增大轨迹优化问题的收敛域。对比而言，两种方法均得到了解析协态初值，第 2 章方法给出的仍为估计值，依赖于近优的标称轨道，无法保证打靶法的收敛性；本章方法为构造具有解析协态初值的混合系统，依赖于同伦延拓方法的数值迭代，对于十分困难的问题依然无法保证同伦算法的成功。但无论是利用哈密顿函数特殊性质，还是发展混合系统同伦延拓方法，均为复杂问题的轨道设计提供了可行思路。

第 4 章 多圈转移和交会的时间最优问题求解

4.1 本 章 引 论

本章研究时间最优多圈轨迹的间接法优化问题。地球附近航天器所受引力加速度大、轨道周期短，而连续推力的量级远小于地球中心引力（比值为 $10^{-6} \sim 10^{-3}$），需要长时间的作用才能产生较大的速度增量。在此条件下，地球附近轨道转移和交会的连续推力轨迹优化是一类多圈轨迹优化问题，整段轨迹可达上百甚至上千圈。连续推力相比传统化学推进，具有高比冲、低燃耗的优点，适宜如地球静止轨道卫星的长期位置保持，GTO 到 GEO 的轨道转移，以及大规模星座的部署和维持等周期长、消耗大的任务。连续推力作用下多圈轨迹的设计与优化是连续推进系统广泛应用的关键技术之一，但极多的轨道圈数和较长的任务时间均使轨迹优化更加困难。

针对多圈轨迹的设计与优化问题，现有文献中已经提出了很多处理方法，例如基于 Edelbaum 方法的一些解析或半解析解[109,122,124-125,199]，各种解析近优控制律[45,200-201]，轨道平均化[48-50]，以及 Sundman 自变量变换[180] 等。这些方法通常可以嵌入传统直接法或间接法求解优化问题进而得到最优或近优解，在一定程度上提高了算法的计算效率和适应性。其中，部分研究考虑了地球阴影区[174,177-178] 和摄动力[19,176] 的影响，以求解高精度模型下的优化问题。此时，由于圈数较多，直接法需要大量的离散变量保证解的精度，计算十分耗时[176]。相比而言，间接法的优化变量少，在给出合理的初值猜测后计算效率较高，但多圈问题的间接法求解对初值猜测更加敏感[32,89]。虽然第 2 章、第 3 章中已介绍了一些处理初值敏感问题的方法，但它们均无法直接应用于上百圈的问题。此外，多圈轨迹优化问题的局部最优解个数较多[18]，往往不同圈数设置或初值猜测会收敛到不同的局部最优解，目标最优解（或全局最优解）难以获得。

当前研究中，直接法一般采用限制优化变量范围的方法[19]，间接法则采用设置不同轨道圈数的方法[18]，以得到不同的局部最优解并后验比较得出目标最优解。当局部解较多时，这种方法的效率较低，难以快速提升结果的最优性。此外，间接法对初值猜测敏感，采用随机猜测方法或同伦末端时间的方法求解均较为耗时。因此，本章基于第 3 章的混合系统同伦延拓方法，进一步研究多圈问题的快速求解，同时兼顾局部多解的处理问题。

针对地球附近高精度动力学模型下的时间最优多圈轨迹优化问题，本章将讨论基于解析协态初始化的间接法优化算法。基本思路是将对初值高度敏感的最优控制问题进行转换和化简，从而给出两个具有不同自变量的等价的简化问题，并给出它们之间的协态关系；它们其中之一可以通过混合系统同伦延拓方法快速求解，以确定目标最优解及其对应的协态和交会轨迹末端真经度的初值猜测；另一个可以和原问题联系起来，从而求解得到高精度模型下的时间最优解。本章首先介绍所考虑的高精度动力学模型，在前文轨道动力学模型的基础上增加了阴影区和地球非球形摄动的影响；随后介绍多圈轨迹优化模型的转换和化简，给出几种近似模型，并在近似模型的基础上讨论该问题的快速初始化与求解；最后通过求解 GTO 至 GEO 在不同推力加速度条件下的交会问题验证本章方法的有效性和计算效率。

4.2　多圈轨迹优化模型

本章中航天器的连续推力发动机采用太阳能电推进（solar electric propulsion，SEP）系统，该发动机的输入功率需要由太阳能产生，在地球阴影区时发动机关机。仅考虑地球中心天体引力和 J_2 摄动力作用，仍采用春分点轨道根数描述航天器的轨道状态，航天器的轨道动力学方程为

$$\dot{\boldsymbol{x}} = \boldsymbol{A}\left(\boldsymbol{x}\right) + \boldsymbol{B}\left(\boldsymbol{x}\right)\left[\boldsymbol{\Delta}_{J_2}\left(\boldsymbol{x}\right) + \frac{T_{\max}}{m}\,\nu\left(\boldsymbol{x},\,t\right)\,\tau\,\hat{\boldsymbol{\alpha}}\right] \tag{4.1}$$

其中太阳能电推进的最大推力 $T_{\max}$ 定义为

$$T_{\max} = \frac{2\,\eta\,P}{I_{\text{sp}}\,g_0} \tag{4.2}$$

式中 η 为发动机效率，P 为输入功率，在发动机开机时两者均设为固定常数。在本章中，$\nu(\boldsymbol{x}, t)$ 是无量纲的阴影区函数，表示发动机的开关机情况，当航天器位于阴影区时 $\nu(\boldsymbol{x}, t)$ 取 0，反之取 1。J_2 摄动加速度 $\boldsymbol{\Delta}_{J_2}$ 在 STW 坐标系中表示为

$$\boldsymbol{\Delta}_{J_2}(\boldsymbol{x}) = -\frac{3\,\mu\,J_2\,R_{\text{e}}^2}{r^4}
\begin{bmatrix}
\dfrac{1}{2} - \dfrac{6\,(h\sin L - k\cos L)^2}{(1+h^2+k^2)^2} \\[3mm]
\dfrac{2\,(h^2-k^2)\sin 2L - 4\,h\,k\cos 2L}{(1+h^2+k^2)^2} \\[3mm]
\dfrac{2\,(1-h^2-k^2)(h\sin L - k\cos L)}{(1+h^2+k^2)^2}
\end{bmatrix} \tag{4.3}$$

其中 $\mu = 3.986 \times 10^{14}\,\text{m}^3/\text{s}^2$ 是地球引力常数，$J_2 = 1.08263 \times 10^{-3}$，地球半径 R_{e} 取为 $R_{\text{e}} = 6378.137\,\text{km}$。

假设太阳距地球无限远，我们采用柱状阴影区模型表示地球的阴影区，并使用双曲正切函数[174]平滑化航天器进出阴影区时的推力突变，阴影区函数取为

$$\begin{cases}
\nu(\boldsymbol{x}, t) \triangleq \dfrac{1}{2}\left\{1 + \tanh\left[\gamma\left(\dfrac{\boldsymbol{r}\cdot\boldsymbol{r}_{\text{s}}}{r_{\text{s}}} + \sqrt{r^2 - R_{\text{e}}^2}\right)\right]\right\} \\[4mm]
\lim\limits_{\gamma \to +\infty} \nu(\boldsymbol{x}, t) = \begin{cases} 0, & \text{阴影区内} \\[1mm] 1, & \text{阴影区外} \end{cases}
\end{cases} \tag{4.4}$$

其中 $r = \|\boldsymbol{r}\|$ 且 $r_{\text{s}} = \|\boldsymbol{r}_{\text{s}}\|$，$\boldsymbol{r}$ 和 $\boldsymbol{r}_{\text{s}}$ 分别表示 J2000 平赤道地心坐标系中航天器和太阳的位置矢量。参数 γ 决定了航天器进出阴影区时推力的平滑化程度，理论上 γ 越大，$\nu(\boldsymbol{x}, t)$ 越接近于阶跃函数，当 $\gamma \to +\infty$ 时 $\nu(\boldsymbol{x}, t)$ 即表示柱状阴影区。以轨道高度为 $6000.0\,\text{km}$ 的圆轨道为例，设 $\boldsymbol{r}_{\text{s}}$ 处于轨道平面内，单个轨道周期内 γ 取不同值时阴影区函数的变化规律如图 4.1 所示，本章数值仿真中，取 $\gamma = 1.0 \times 10^3$ 基本可以代表柱状

阴影区的情况[174]。除此之外，其他函数形式也可以用来处理平滑化阴影区的问题[196]。

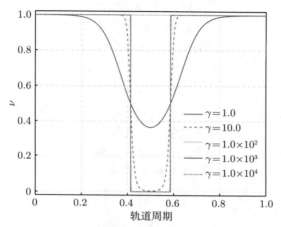

图 4.1　不同 γ 参数下阴影区函数的变化规律示意图（前附彩图）

　　本章轨迹优化问题的目标为最优化飞行时间，而不考虑燃料消耗的多少，最优控制问题的指标函数为

$$J = \int_{t_0}^{t_f} \lambda_0 \, \mathrm{d} t \tag{4.5}$$

动力学方程为

$$\dot{\boldsymbol{x}} = \boldsymbol{A}\left(\boldsymbol{x}\right) + \boldsymbol{B}\left(\boldsymbol{x}\right)\left[\boldsymbol{\Delta}_{J_2}\left(\boldsymbol{x}\right) + \frac{T_{\max}}{m}\,\nu\left(\boldsymbol{x}, t\right)\,\tau\,\hat{\boldsymbol{\alpha}}\right] \tag{4.6}$$

$$\dot{m} = -\frac{T_{\max}}{I_{\mathrm{sp}}\,g_0}\,\nu\left(\boldsymbol{x}, t\right)\,\tau \tag{4.7}$$

边界条件为

$$\boldsymbol{x}\left(t_0\right) = \boldsymbol{x}_0, \quad m\left(t_0\right) = m_0 \tag{4.8}$$

$$\boldsymbol{x}\left(t_f\right) = \boldsymbol{x}_f \tag{4.9}$$

式 (4.5) 中 λ_0 是正的待定乘子，用于将初始协态值限制在高维的单位球面上[17,34]，这一参数我们已在第 2 章介绍哈密顿函数性质时有所讨论，在

此不再赘述。对于本章所考虑的时间最优问题，初始时刻的轨道根数和质量为固定值，末端时刻的轨道根数与末端时刻交会目标的状态 $\boldsymbol{x}_f$ 相同，末端质量自由。此边界条件对应的问题为交会问题，即在末端时刻航天器的轨道状态与目标的轨道状态完全相同；当不限制末端真经度 L_f 时，航天器在末端时刻处于和目标相同的轨道内，但可以具有不同的相位，为一类转移问题。

在已有文献[18-19]中，考虑转移问题时末端真经度 L_f 通常被设置为自由参数，此时多圈轨迹优化问题具有较多的局部最优解。为求解目标最优解，文献 [19] 假设所得优化解与初值猜测具有相同圈数，求解了 L_f 约束在一定范围内的轨迹优化问题，通过比较多个局部解得出目标最优解。在本章求解中，该问题被拆解为两个子问题，一是具有固定 L_f 的轨迹优化问题求解，二是最优时间与 L_f 之间的关系。据此可以进一步分析上述转移和交会问题的局部多解情况，从而得到目标最优解。为解决初值猜测困难，我们首先介绍多圈轨迹优化问题的简化。

4.3　多圈轨迹优化问题的简化

本节首先通过同伦延拓方法将原问题转化为近似模型下的时间最优问题，其中轨道状态中慢变量 $\boldsymbol{\zeta} = [p, f, g, h, k]$ 的动力学方程不变，快变量 L 的动力学方程进行了简化。在此基础上，使用 Sundman 自变量变换即可以将该问题转化为一自变量为 L 的等价问题。以末端真经度固定问题的轨道平均化为基础，本节给出了真经度固定问题和交会问题之间的等价条件，并通过混合系统同伦延拓方法给出多圈轨迹优化的具有解析协态初值的简化问题。

4.3.1　Sundman 变换下协态映射

通过将轨道根数分为慢变量和快变量，即 $\boldsymbol{x} = [\boldsymbol{\zeta}^{\mathrm{T}}, L]^{\mathrm{T}}$，可以将原轨道动力学方程 (4.6) 分为两部分。由于列向量 $\boldsymbol{A} = [0, 0, 0, 0, 0, \sqrt{\mu p}\,/\,r^2]^{\mathrm{T}}$ 的前五个元素均为 0，慢变量和快变量的动力学方程可以进一步简化为

$$\dot{\boldsymbol{\zeta}} = \boldsymbol{B}_1\,(\boldsymbol{\zeta}, L) \left[\boldsymbol{\Delta}_{J_2}\,(\boldsymbol{\zeta}, L) + \frac{T_{\max}}{m}\,\nu\,(\boldsymbol{\zeta}, L, t)\,\tau\,\hat{\boldsymbol{\alpha}} \right] \qquad (4.10)$$

$$\dot{L} = F\left(\boldsymbol{\zeta},\, L\right) + \epsilon_1\, \boldsymbol{B}_2\left(\boldsymbol{\zeta},\, L\right) \frac{T_{\max}}{m}\, \nu\left(\boldsymbol{\zeta},\, L,\, t\right)\, \tau\, \hat{\boldsymbol{\alpha}} \tag{4.11}$$

其中慢变量 $\boldsymbol{\zeta}$ 的导数主要为 J_2 摄动加速度和推力加速度，而快变量 L 的导数主要为引力加速度 $F\left(\boldsymbol{\zeta},\, L\right)$。推力加速度量级较小，在此添加了同伦参数 ϵ_1 以简化快变量的动力学方程。矩阵 $\boldsymbol{B}_1$ 和行向量 $\boldsymbol{B}_2$ 分别为矩阵 $\boldsymbol{B}$ 的前五行和第六行，它们的具体表达式可以参考式 (2.3) 推导，在此省略。将式 (4.3) 代入式 (4.6)，可得引力加速度 $F\left(\boldsymbol{\zeta},\, L\right)$ 的表示式为

$$F\left(\boldsymbol{\zeta},\, L\right) = \sqrt{\mu p}\left[\frac{1}{r^2} - \frac{6\, J_2\, R_{\mathrm{e}}^2\left(1 - h^2 - k^2\right)\left(h\sin L - k\cos L\right)^2}{p\, r^3\left(1 + h^2 + k^2\right)^2} \right] \tag{4.12}$$

当 $\epsilon_1 = 1$ 时，方程 (4.10) 和方程 (4.11) 与原动力学方程 (4.6) 相同；当 $\epsilon_1 = 0$ 时，真经度的动力学方程为 $\dot{L} = F\left(\boldsymbol{\zeta},\, L\right)$，不显含推力的作用项，规律更为简单。虽然我们通过同伦参数 ϵ_1 的设计简化了动力学方程，但由于推力加速度远小于中心引力加速度，简化方程和原方程十分接近，在数值求解时，同伦迭代过程基本可以一步实现，即以 $\epsilon_1 = 0$ 对应问题的解为初值直接打靶求解 $\epsilon_1 = 1$ 对应的原时间最优轨迹优化问题。

由于同伦参数耦合在动力学方程中，在推导最优控制、欧拉–拉格朗日方程时均会包含同伦参数，相应的最优控制问题及其一阶必要条件的推导可以参考前文的技巧，在此省略。两点边值问题的构建及其打靶方程将在后文介绍，打靶变量为末端时刻 t_f 和 8 维的归一化协态变量初始值 $\left[\boldsymbol{\lambda}_{\boldsymbol{\zeta}}^{\mathrm{T}}\left(t_0\right),\, \lambda_L\left(t_0\right),\, \lambda_m\left(t_0\right),\, \lambda_0\right]^{\mathrm{T}}$。原时间最优问题可以通过简化问题的解同伦迭代参数 ϵ_1 求解。

当 $\epsilon_1 = 0$ 时，基于此模型我们定义两个等价的时间最优问题，即以时间为自变量的优化问题 A 和以真经度为自变量的优化问题 B。其中问题 A 的指标函数为

$$J = \int_{t_0}^{t_f} \lambda_0\, \mathrm{d}\, t \tag{4.13}$$

动力学方程为

$$\dot{\boldsymbol{\zeta}} = \boldsymbol{B}_1\left(\boldsymbol{\zeta},\, L\right)\left[\boldsymbol{\Delta}_{J_2}\left(\boldsymbol{\zeta},\, L\right) + \frac{T_{\max}}{m}\, \nu\left(\boldsymbol{\zeta},\, L,\, t\right)\, \tau\, \hat{\boldsymbol{\alpha}} \right] \tag{4.14}$$

$$\dot{L} = F\left(\boldsymbol{\zeta}, L\right) \tag{4.15}$$

$$\dot{m} = -\frac{T_{\max}}{I_{\mathrm{sp}} g_0} \nu\left(\boldsymbol{\zeta}, L, t\right) \tau \tag{4.16}$$

边界条件为

$$\boldsymbol{\zeta}\left(t_0\right) = \boldsymbol{\zeta}_0, \quad L\left(t_0\right) = L_0, \quad m\left(t_0\right) = m_0 \tag{4.17}$$

$$\boldsymbol{\zeta}\left(t_f\right) = \boldsymbol{\zeta}_f, \quad L\left(t_f\right) = L_f \tag{4.18}$$

其中 $\boldsymbol{\zeta}_f$ 和 L_f 是时变的交会目标轨道根数，两部分的动力学方程分别为

$$\frac{\mathrm{d}\boldsymbol{\zeta}_f}{\mathrm{d}t_f} = \boldsymbol{B}_1\left(\boldsymbol{\zeta}_f, L_f\right) \boldsymbol{\Delta}_{J_2}\left(\boldsymbol{\zeta}_f, L_f\right) \tag{4.19}$$

$$\frac{\mathrm{d}L_f}{\mathrm{d}t_f} = F\left(\boldsymbol{\zeta}_f, L_f\right) \tag{4.20}$$

对于地球静止轨道目标，式 (4.19) 为零，慢变量部分为常数，仅考虑末端真经度的变化即可。

近似多圈轨道动力学的一类常用方法为轨道平均化方法[49]，通过考虑每个轨道周期的平均轨道根数 $\overline{\boldsymbol{\zeta}}$，并假设轨道根数在每个周期内保持常数，可以不考虑真经度的动力学方程，并逐周期计算慢变量的增量。相比较而言，本章所考虑的仍为瞬时轨道根数，仅将快变量中的推力部分忽略不计，模型精度高于轨道平均化模型。因此，此问题的解可以给出类似轨道平均化方法的近似解，而当需要考虑原模型时，可以采用同伦延拓方法求解原问题。

根据 Sundman 自变量变换[180]，真经度和时间具有关系

$$\mathrm{d}L = F\left(\boldsymbol{\zeta}, L\right)\mathrm{d}t \tag{4.21}$$

将式(4.21) 代入问题 A，并以真经度为自变量、时间为状态量描述此最优控制问题，则可以定义如下问题 B。其性能指标为

$$J = \int_{t_0}^{t_f} \lambda_0 \, \mathrm{d}t = \int_{L_0}^{L_f} \frac{\lambda_0}{F\left(\boldsymbol{\zeta}, L\right)} \, \mathrm{d}L \tag{4.22}$$

动力学方程为

$$\boldsymbol{\zeta}' = \tilde{\boldsymbol{B}}_1 \left(\boldsymbol{\zeta},\, L\right) \left[\boldsymbol{\Delta}_{J_2} \left(\boldsymbol{\zeta},\, L\right) + \frac{T_{\max}}{m}\, \nu \left(\boldsymbol{\zeta},\, L,\, t\right)\, \tau\, \hat{\boldsymbol{\alpha}}\right] \tag{4.23}$$

$$t' = \frac{1}{F\left(\boldsymbol{\zeta},\, L\right)} \tag{4.24}$$

$$m' = -\frac{T_{\max}\, \nu \left(\boldsymbol{\zeta},\, L,\, t\right)}{I_{\mathrm{sp}}\, g_0\, F\left(\boldsymbol{\zeta},\, L\right)}\, \tau \tag{4.25}$$

边界条件为

$$\boldsymbol{\zeta}\left(L_0\right) = \boldsymbol{\zeta}_0, \quad t\left(L_0\right) = t_0, \qquad m\left(L_0\right) = m_0 \tag{4.26}$$

$$\boldsymbol{\zeta}\left(L_f\right) = \boldsymbol{\zeta}_f, \quad t\left(L_f\right) = t_f \tag{4.27}$$

式中 $(*)'$ 表示该物理量对真经度的导数，$\tilde{\boldsymbol{B}}_1 = \boldsymbol{B}_1/F$。交会目标的末端状态对真经度的导数分别为 $\boldsymbol{\zeta}'_f = \tilde{\boldsymbol{B}}_1 \left(\boldsymbol{\zeta}_f,\, L_f\right) \boldsymbol{\Delta}_{J_2} \left(\boldsymbol{\zeta}_f,\, L_f\right)$ 和 $t'_f = 1/F\left(\boldsymbol{\zeta}_f,\, L_f\right)$。

　　由于问题 A 和问题 B 为同一轨迹优化问题的不同自变量描述，它们必定具有相同的最优解，并可以互相表示。在问题 B 中，打靶变量为末端真经度 L_f 和 8 维的协态初始值 $\left[\boldsymbol{\lambda}_\zeta^{\mathrm{T}}\left(L_0\right),\, \lambda_t\left(L_0\right),\, \lambda_m\left(L_0\right),\, \lambda_0\right]^{\mathrm{T}}$。考虑两个问题最优解之间的互相转换，我们有结论：当 $\{\boldsymbol{\lambda}_{\zeta,\mathrm{B}}\left(L_0\right),\, \lambda_t\left(L_0\right),\, \lambda_{m,\mathrm{B}}\left(L_0\right),\, \lambda_{0,\mathrm{B}},\, L_{f,\mathrm{B}}\}$ 是问题 B 的一个最优解时，问题 A 的最优解 $\{\boldsymbol{\lambda}_{\zeta,\mathrm{A}}\left(t_0\right),\, \lambda_L\left(t_0\right),\, \lambda_{m,\mathrm{A}}\left(t_0\right),\, \lambda_{0,\mathrm{A}},\, t_{f,\mathrm{A}}\}$ 可以由以下一组映射关系式给出

$$\boldsymbol{\lambda}_{\zeta,\mathrm{A}}\left(t_0\right) = \boldsymbol{\lambda}_{\zeta,\mathrm{B}}\left(L_0\right) \tag{4.28}$$

$$\lambda_L\left(t_0\right) = -\mathcal{H}_{\mathrm{B}}\left(L_0\right) \tag{4.29}$$

$$\lambda_{m,\mathrm{A}}\left(t_0\right) = \lambda_{m,\mathrm{B}}\left(L_0\right) \tag{4.30}$$

$$\lambda_{0,\mathrm{A}} = \lambda_{0,\mathrm{B}} \tag{4.31}$$

$$t_{f,\mathrm{A}} = t_{f,\mathrm{B}} \tag{4.32}$$

其中 $\mathcal{H}_{\mathrm{B}}$ 是问题 B 的哈密顿函数，$t_{f,\mathrm{B}}$ 可由积分方程 (4.24) 得到。

　　本节最后给出上述映射关系式的简单证明，并给出两个问题的打靶函数。由于两个问题等价，若上述关系式正确，则得到的解必须满足问题 A 的所有一阶必要条件并具有和问题 B 相同的最优控制律。两个问题的哈密顿函数为

$$\mathcal{H}_{\mathrm{A}} = \boldsymbol{\lambda}_{\zeta,\mathrm{A}}^{\mathrm{T}}\, \boldsymbol{B}_1 \left[\boldsymbol{\Delta}_{J_2} + \frac{T_{\max}}{m}\, \nu\, \tau\, \hat{\boldsymbol{\alpha}} \right] + \lambda_L\, F - \lambda_{m,\mathrm{A}}\, \frac{T_{\max}}{I_{\mathrm{sp}}\, g_0}\, \nu\, \tau + \lambda_{0,\mathrm{A}} \tag{4.33}$$

$$\mathcal{H}_{\mathrm{B}} = \left\{ \boldsymbol{\lambda}_{\zeta,\mathrm{B}}^{\mathrm{T}}\, \boldsymbol{B}_1 \left[\boldsymbol{\Delta}_{J_2} + \frac{T_{\max}}{m}\, \nu\, \tau\, \hat{\boldsymbol{\alpha}} \right] + \lambda_t - \lambda_{m,\mathrm{B}}\, \frac{T_{\max}}{I_{\mathrm{sp}}\, g_0}\, \nu\, \tau + \lambda_{0,\mathrm{B}} \right\} \frac{1}{F} \tag{4.34}$$

欧拉–拉格朗日方程分别为

$$\dot{\boldsymbol{\lambda}}_{\zeta,\mathrm{A}} = - \left[\frac{\partial\, (\boldsymbol{B}_1\, \boldsymbol{\Delta}_{J_2})}{\partial \boldsymbol{\zeta}} + \frac{T_{\max}\, \tau}{m}\, \frac{\partial\, (\boldsymbol{B}_1\, \nu\, \hat{\boldsymbol{\alpha}})}{\partial \boldsymbol{\zeta}} \right]^{\mathrm{T}} \boldsymbol{\lambda}_{\zeta,\mathrm{A}} -$$
$$\lambda_L\, \frac{\partial F}{\partial \boldsymbol{\zeta}} + \lambda_{m,\mathrm{A}}\, \frac{T_{\max}\, \tau}{I_{\mathrm{sp}}\, g_0}\, \frac{\partial \nu}{\partial \boldsymbol{\zeta}} \tag{4.35}$$

$$F\, \boldsymbol{\lambda}_{\zeta,\mathrm{B}}' = - \left[\frac{\partial\, (\boldsymbol{B}_1\, \boldsymbol{\Delta}_{J_2})}{\partial \boldsymbol{\zeta}} + \frac{T_{\max}\, \tau}{m}\, \frac{\partial\, (\boldsymbol{B}_1\, \nu\, \hat{\boldsymbol{\alpha}})}{\partial \boldsymbol{\zeta}} \right]^{\mathrm{T}} \boldsymbol{\lambda}_{\zeta,\mathrm{B}} +$$
$$\mathcal{H}_{\mathrm{B}}\, \frac{\partial F}{\partial \boldsymbol{\zeta}} + \lambda_{m,\mathrm{B}}\, \frac{T_{\max}\, \tau}{I_{\mathrm{sp}}\, g_0}\, \frac{\partial \nu}{\partial \boldsymbol{\zeta}} \tag{4.36}$$

$$\dot{\lambda}_L = - \left[\frac{\partial\, (\boldsymbol{B}_1\, \boldsymbol{\Delta}_{J_2})}{\partial L} + \frac{T_{\max}\, \tau}{m}\, \frac{\partial\, (\boldsymbol{B}_1\, \nu\, \hat{\boldsymbol{\alpha}})}{\partial L} \right]^{\mathrm{T}} \boldsymbol{\lambda}_{\zeta,\mathrm{A}} -$$
$$\lambda_L\, \frac{\partial F}{\partial L} + \lambda_{m,\mathrm{A}}\, \frac{T_{\max}\, \tau}{I_{\mathrm{sp}}\, g_0}\, \frac{\partial \nu}{\partial L} \tag{4.37}$$

$$\lambda_t' = - \frac{\partial \mathcal{H}_{\mathrm{B}}}{\partial t} = \left[\frac{\lambda_{m,\mathrm{B}}\, T_{\max}\, \tau}{I_{\mathrm{sp}}\, g_0\, F} - \frac{T_{\max}\, \tau}{m\, F}\, \boldsymbol{\lambda}_{\zeta,\mathrm{B}}^{\mathrm{T}}\, \boldsymbol{B}_1\, \hat{\boldsymbol{\alpha}} \right] \frac{\partial \nu}{\partial t} \tag{4.38}$$

$$\dot{\lambda}_{m,\mathrm{A}} = \frac{T_{\max}}{m^2}\, \boldsymbol{\lambda}_{\zeta,\mathrm{A}}^{\mathrm{T}}\, \boldsymbol{B}_1\, \nu\, \tau\, \hat{\boldsymbol{\alpha}} \tag{4.39}$$

$$F\, \lambda_{m,\mathrm{B}}' = \frac{T_{\max}}{m^2}\, \boldsymbol{\lambda}_{\zeta,\mathrm{B}}^{\mathrm{T}}\, \boldsymbol{B}_1\, \nu\, \tau\, \hat{\boldsymbol{\alpha}} \tag{4.40}$$

其中协态变量 $\boldsymbol{\lambda}_{\zeta,\mathrm{B}}$ 和 $\lambda_{m,\mathrm{B}}$ 对时间的导数即分别为 $F\,\boldsymbol{\lambda}'_{\zeta,\mathrm{B}}$ 和 $F\,\lambda'_{m,\mathrm{B}}$。此外，哈密顿函数 $\mathcal{H}_{\mathrm{B}}$ 对时间的导数为

$$
\begin{aligned}
\dot{\mathcal{H}}_{\mathrm{B}} &= F\,\mathcal{H}'_{\mathrm{B}} + \frac{\partial \mathcal{H}_{\mathrm{B}}}{\partial t} \\
&= \left[\frac{\partial\,(\boldsymbol{B}_1\,\boldsymbol{\Delta}_{J_2})}{\partial L} + \frac{T_{\max}\,\tau}{m}\,\frac{\partial\,(\boldsymbol{B}_1\,\nu\,\hat{\boldsymbol{\alpha}})}{\partial L} \right]^{\mathrm{T}} \boldsymbol{\lambda}_{\zeta,\mathrm{B}} - \\
&\quad \mathcal{H}_{\mathrm{B}}\,\frac{\partial F}{\partial L} - \lambda_{m,\mathrm{B}}\,\frac{T_{\max}\,\tau}{I_{\mathrm{sp}}\,g_0}\,\frac{\partial \nu}{\partial L}
\end{aligned}
\tag{4.41}
$$

根据上述方程，可以得到两个问题中协态和哈密顿函数满足

$$
\dot{\boldsymbol{\lambda}}_{\zeta,\mathrm{A}} = F\,\boldsymbol{\lambda}'_{\zeta,\mathrm{B}}, \quad \dot{\lambda}_L = -\dot{\mathcal{H}}_{\mathrm{B}}, \quad \dot{\lambda}_{m,\mathrm{A}} = F\,\lambda'_{m,\mathrm{B}}
\tag{4.42}
$$

$$
\boldsymbol{\lambda}_{\zeta,\mathrm{A}} = \boldsymbol{\lambda}_{\zeta,\mathrm{B}}, \quad \lambda_L = -\mathcal{H}_{\mathrm{B}}, \quad \lambda_{m,\mathrm{A}} = \lambda_{m,\mathrm{B}}
\tag{4.43}
$$

两个问题的最优控制均为

$$
\hat{\boldsymbol{\alpha}}^{\star} = -\frac{\boldsymbol{B}_1^{\mathrm{T}}\,\boldsymbol{\lambda}_{\zeta,\mathrm{A}}}{\left\| \boldsymbol{B}_1^{\mathrm{T}}\,\boldsymbol{\lambda}_{\zeta,\mathrm{A}} \right\|} = -\frac{\boldsymbol{B}_1^{\mathrm{T}}\,\boldsymbol{\lambda}_{\zeta,\mathrm{B}}}{\left\| \boldsymbol{B}_1^{\mathrm{T}}\,\boldsymbol{\lambda}_{\zeta,\mathrm{B}} \right\|}, \quad \tau^{\star} = 1
\tag{4.44}
$$

因此，以映射关系式为问题 A 的最优解可以得到与问题 B 最优解相同的最优控制律，两者轨迹相同，末端时刻相同。末端时刻质量协态的横截条件为

$$
\lambda_{m,\mathrm{A}}\,(t_f) = \lambda_{m,\mathrm{B}}\,(L_f) = 0
\tag{4.45}
$$

问题 B 的末端静态条件为

$$
F\,\mathcal{H}_{\mathrm{B}}\,(L_f) = \lambda_t\,(L_f) + \boldsymbol{\lambda}_{\zeta,\mathrm{B}}^{\mathrm{T}}\,(L_f)\,F\,\boldsymbol{\zeta}'_f
\tag{4.46}
$$

则问题 A 的末端静态条件为

$$
\begin{aligned}
\mathcal{H}_{\mathrm{A}}\,(t_f) &= \boldsymbol{\lambda}_{\zeta,\mathrm{A}}^{\mathrm{T}}\,\boldsymbol{B}_1 \left[\boldsymbol{\Delta}_{J_2} + \frac{T_{\max}}{m}\,\nu\,\tau\,\hat{\boldsymbol{\alpha}} \right] - \lambda_{m,\mathrm{A}}\,\frac{T_{\max}}{I_{\mathrm{sp}}\,g_0}\,\nu\,\tau + \lambda_{0,\mathrm{A}} - F\,\mathcal{H}_{\mathrm{B}} \\
&= \lambda_{L,\mathrm{A}}\,(t_f)\,F + \boldsymbol{\lambda}_{\zeta,\mathrm{A}}^{\mathrm{T}}\,(t_f)\,\dot{\boldsymbol{\zeta}}_f
\end{aligned}
\tag{4.47}
$$

因此问题 A 的全部一阶必要条件均满足，上述关系式正确。

　　问题 A 对应的两点边值问题的打靶函数包括末端交会对应的边界条件、末端横截条件、静态条件以及归一化条件，打靶变量包括初始时刻的协态变量以及飞行时间，即

$$\boldsymbol{\phi}_{\mathrm{A}}(\boldsymbol{z}_{\mathrm{A}}) = \begin{bmatrix} \boldsymbol{\zeta}(t_f) - \boldsymbol{\zeta}_f \\ L(t_f) - L_f \\ \lambda_m(t_f) \\ \mathcal{H}_{\mathrm{A}}(t_f) - \lambda_L(t_f) F(\boldsymbol{\zeta}_f, L_f) - \boldsymbol{\lambda}_{\zeta,\mathrm{A}}^{\mathrm{T}}(t_f)\dot{\boldsymbol{\zeta}}_f \\ \|\boldsymbol{\lambda}_{\zeta,\mathrm{A}}(t_0)\|^2 + \lambda_L^2(t_0) + \lambda_{m,\mathrm{A}}^2(t_0) + \lambda_{0,\mathrm{A}}^2 - 1 \end{bmatrix} = \boldsymbol{0} \quad (4.48)$$

其中 $\boldsymbol{z}_{\mathrm{A}} = \left[\boldsymbol{\lambda}_{\zeta,\mathrm{A}}^{\mathrm{T}}(t_0), \lambda_L(t_0), \lambda_{m,\mathrm{A}}(t_0), \lambda_{0,\mathrm{A}}, t_{f,\mathrm{A}}\right]^{\mathrm{T}}$。作为上述关系式的推论，可以得到问题 B 的归一化条件，相应的两点边值问题的打靶函数为

$$\boldsymbol{\phi}_{\mathrm{B}}(\boldsymbol{z}_{\mathrm{B}}) = \begin{bmatrix} \boldsymbol{\zeta}(L_f) - \boldsymbol{\zeta}_f \\ t(L_f) - t_f \\ \lambda_{m,\mathrm{B}}(L_f) \\ \mathcal{H}_{\mathrm{B}}(L_f) - \lambda_t(L_f)/F(\boldsymbol{\zeta}_f, L_f) - \boldsymbol{\lambda}_{\zeta,\mathrm{B}}^{\mathrm{T}}(L_f)\boldsymbol{\zeta}_f' \\ \|\boldsymbol{\lambda}_{\zeta,\mathrm{B}}(L_0)\|^2 + \lambda_{m,\mathrm{B}}^2(L_0) + \lambda_{0,\mathrm{B}}^2 + \mathcal{H}_{\mathrm{B}}^2(L_0) - 1 \end{bmatrix} = \boldsymbol{0} \quad (4.49)$$

其中 $\boldsymbol{z}_{\mathrm{B}} = \left[\boldsymbol{\lambda}_{\zeta,\mathrm{B}}^{\mathrm{T}}(L_0), \lambda_t(L_0), \lambda_{m,\mathrm{B}}(L_0), \lambda_{0,\mathrm{B}}, L_{f,\mathrm{B}}\right]^{\mathrm{T}}$。两个问题的欧拉–拉格朗日方程已在上文给出，构建两点边值问题并打靶求解即可，当求解得到其中一个问题的解后，另一个问题的解可以直接通过映射关系式给出。

4.3.2　等价边界条件及轨道平均化

　　本节讨论问题 B 的进一步简化。考虑一末端真经度固定的问题 C，其性能指标和动力学方程均与问题 B 的对应项相同，末端交会条件修改为末端真经度固定于 L_f 且末端时刻自由。该问题与问题 B 的最优解等

价的条件为：若具有某个 L_f 的问题 C 的时间最优解恰好符合与目标交会条件，则该解即为问题 B 的最优解；问题 B 的时间最优解是具有该解 L_f 的问题 C 的最优解。下面给出对上述条件的简单证明，由于两个问题性能指标和动力学方程均相同，它们的哈密顿函数、欧拉–拉格朗日方程和最优控制均相同。根据末端静态条件和横截条件，问题 C 的末端时间协态为零，而末端哈密顿函数自由，相应的问题 B 的末端哈密顿函数有约束条件，而末端时间协态自由。注意到哈密顿函数中 $\lambda_t + \lambda_0$ 项可以组合考虑，可以选择合适的乘子 $\lambda_{0,\mathrm{C}}$ 满足如下条件：

$$\lambda_{t,\mathrm{B}} + \lambda_{0,\mathrm{B}} = \lambda_{t,\mathrm{C}} + \lambda_{0,\mathrm{C}} \tag{4.50}$$

从而使问题 C 的末端横截条件和问题 B 的末端静态条件同时满足，虽然此时 $\lambda_{0,\mathrm{C}}$ 可能不再满足归一化条件，但仍为相同的时间最优解。在此条件下，类似地可以证明两个问题的解相同，均满足两者的所有一阶必要条件。从另一个角度来讲，问题 B 的打靶函数式 (4.49) 中的静态条件可以替换成末端时间协态为零，而不改变问题的本质，这是由哈密顿函数中 $\lambda_t + \lambda_0$ 项可以组合考虑的性质所决定的。在本章数值算例中，问题 B 和问题 C 的求解均采用了末端时间协态为零这一打靶方程，不同的是问题 B 的解需要额外满足与目标交会的条件。

结合轨道平均化方法，问题 C 的指标函数为

$$J = \int_{t_0}^{t_f} \lambda_0 \, \mathrm{d}\, t = \int_{L_0}^{L_f} \frac{\lambda_0}{F\left(\overline{\zeta}, L\right)} \, \mathrm{d}\, L \tag{4.51}$$

动力学方程为

$$\overline{\zeta}' = \tilde{\boldsymbol{B}}_1\left(\overline{\zeta}, L\right) \left[\boldsymbol{\Delta}_{J_2}\left(\overline{\zeta}, L\right) + \frac{T_{\max}}{\overline{m}}\, \nu\left(\overline{\zeta}, L, \bar{t}\right) \tau \hat{\boldsymbol{\alpha}} \right] \tag{4.52}$$

$$\bar{t}' = \frac{1}{F\left(\overline{\zeta}, L\right)} \tag{4.53}$$

$$\overline{m}' = -\frac{T_{\max}\, \nu\left(\overline{\zeta}, L, \bar{t}\right)}{I_{\mathrm{sp}}\, g_0\, F\left(\overline{\zeta}, L\right)}\, \tau \tag{4.54}$$

边界条件为

$$\overline{\zeta}\left(L_0\right) = \zeta_0, \quad \overline{t}\left(L_0\right) = t_0, \qquad \overline{m}\left(L_0\right) = m_0 \tag{4.55}$$

$$\overline{\zeta}\left(L_f\right) = \zeta_f \tag{4.56}$$

式中 $\overline{(*)}$ 表示该物理量在每个轨道周期内的平均值，$F\left(\overline{\zeta}, L\right) \approx \sqrt{\mu \overline{p}}\,/\,r^2$。依据轨道平均化方法，该问题的求解可以进一步简化。首先，在考虑整圈数时，轨道右函数中 J_2 摄动项可以解析积分[50]，并表示为春分点轨道根数形式：

$$\overline{\zeta}'_{J_2} = \frac{1}{2\pi} \int_0^{2\pi} \tilde{\boldsymbol{B}}_1 \boldsymbol{\Delta}_{J_2} \,\mathrm{d}L = \frac{3\,J_2\,R_e^2}{4\,\overline{p}^2} \begin{bmatrix} 0 \\ -\overline{g}\left(5\cos^2\overline{i} - 2\cos\overline{i} - 1\right) \\ \overline{f}\left(5\cos^2\overline{i} - 2\cos\overline{i} - 1\right) \\ 2\,\overline{k}\cos\overline{i} \\ -2\,\overline{h}\cos\overline{i} \end{bmatrix} \tag{4.57}$$

其中 $\cos\overline{i} = (1 - \overline{h}^2 - \overline{k}^2)/(1 + \overline{h}^2 + \overline{k}^2)$。时间项的动力学方程的右函数在整圈解析积分中为

$$\overline{t}' = \frac{1}{2\pi} \int_0^{2\pi} \frac{1}{F} \,\mathrm{d}L = \sqrt{\frac{\overline{p}^3}{\mu\left(1 - \overline{f}^2 - \overline{g}^2\right)^3}} \tag{4.58}$$

即为一个轨道周期。当每圈的轨道根数取固定值时，该周期内是否存在阴影区以及进出阴影区的位置可以建模为椭圆曲线与圆柱面的交点问题，航天器进出阴影区时，真经度满足如下一元四次方程：

$$a\,z^4 + b\,z^3 + c\,z^2 + d\,z + e = 0 \tag{4.59}$$

其中各个量的表达式分别为

$$z = \tan\frac{L}{2},$$

$$a = \left(\beta_1^2 - 1\right) \overline{p}^2 + \left(1 - \overline{f}\right)^2 R_e^2,$$

$$b = 4\,\overline{g}\left(1 - \overline{f}\right) R_e^2 - 4\,\beta_1\,\beta_2\,\overline{p}^2,$$

$$c = \left(4\,\beta_2^2 - 2\,\beta_1^2 - 2\right)\overline{p}^2 + \left(2 + 4\,\overline{g}^2 - 2\,\overline{f}^2\right) R_e^2,$$

$$d = 4\,\beta_1\,\beta_2\,\overline{p}^2 + 4\,\overline{g}\left(1 + \overline{f}\right) R_e^2,$$

$$e = \left(1 + \overline{f}\right)^2 R_e^2 + \left(\beta_1^2 - 1\right)\overline{p}^2$$

其中 β_1 和 β_2 的取值依赖于轨道状态和太阳位置矢量，表达式为

$$\beta_1 = \frac{\boldsymbol{r}_s^{\mathrm{T}}}{1 + \overline{h}^2 + \overline{k}^2} \begin{bmatrix} 1.0 + \overline{h}^2 - \overline{k}^2 \\ 2\,\overline{h}\,\overline{k} \\ -2\,\overline{k} \end{bmatrix}, \quad \beta_2 = \frac{\boldsymbol{r}_s^{\mathrm{T}}}{1 + \overline{h}^2 + \overline{k}^2} \begin{bmatrix} 2\,\overline{h}\,\overline{k} \\ 1.0 - \overline{h}^2 + \overline{k}^2 \\ 2\,\overline{h} \end{bmatrix}$$

若轨道周期存在阴影区，即要求椭圆和圆柱在阴影区部分有交点，上述一元四次方程的根需满足

$$\beta_1 z^2 - 2\,\beta_2 z - \beta_1 > 0 \tag{4.60}$$

根据一元四次方程的解析解，并判断是否满足上述条件，可以得到进出阴影区的两个真经度 L_{in} 和 L_{ex}。若当前轨道状态的真经度为 L，则需要将 L_{in} 和 L_{ex} 转换至区间 $(L,\, L + 2\pi]$ 内；仿真中若其中两者的差值大于 π 则说明当前位置在阴影区内，积分时推力段为 L_{ex} 到 L_{in}，否则积分时推力段为 L 至 L_{in} 与 L_{ex} 至 $L + 2\pi$。此外，整圈计算时，轨道状态的 J_2 摄动项部分和时间变量均为解析积分，轨道状态的推力部分和航天器质量采用梯形公式在阴影区外积分，经数值验证离散点个数可取为 20，而后将两部分相加即完成了单圈的计算。当积分至末端真经度前的圈数不足整圈时，需要判断得出当前真经度和末端之间的推力弧段和滑行弧段，并采用梯形公式积分整个动力学方程。

建立此问题对应的哈密顿函数为

$$\overline{\mathcal{H}} = \overline{\boldsymbol{\lambda}}_\zeta^{\mathrm{T}}\,\tilde{\boldsymbol{B}}_1\,\boldsymbol{\Delta}_{J_2} + \frac{\lambda_t + \lambda_0}{F} + \frac{T_{\max}\,\nu\,\tau}{\overline{m}\,F}\,\overline{\boldsymbol{\lambda}}_\zeta^{\mathrm{T}}\,\boldsymbol{B}_1\,\hat{\boldsymbol{\alpha}} - \frac{T_{\max}\,\nu\,\tau}{I_{\mathrm{sp}}\,g_0\,F}\,\overline{\lambda}_m \tag{4.61}$$

此式和哈密顿函数式 (4.34) 类似，最优控制、欧拉–拉格朗日方程的推导在此省略。与文献中轨道平均化方法类似[49,202]，本章在考虑平均化模型时均忽略了由阶跃函数 ν 导致的协态不连续的问题。根据式 (4.38) 可知，此时时间协态为常数，又由于末端时刻自由，时间协态的值恒为零。按照哈密顿函数中各项能否在平均化模型下解析积分，可以将哈密顿函数分为两部分，即

$$\overline{\mathcal{H}}_1 = \overline{\boldsymbol{\lambda}}_\zeta^{\mathrm{T}} \tilde{\boldsymbol{B}}_1 \, \boldsymbol{\Delta}_{J_2} + \frac{\lambda_0}{F}, \quad H_2 = \frac{T_{\max} \, \nu \, \tau}{\overline{m} \, F} \overline{\boldsymbol{\lambda}}_\zeta^{\mathrm{T}} \boldsymbol{B}_1 \hat{\boldsymbol{\alpha}} - \frac{T_{\max} \, \nu \, \tau}{I_{\mathrm{sp}} \, g_0 \, F} \overline{\lambda}_m \quad (4.62)$$

第一部分对应的协态变量导数可以解析积分，即

$$\overline{\boldsymbol{\lambda}}_{\zeta 1}' = -\frac{1}{2\pi} \int_0^{2\pi} \frac{\partial \overline{\mathcal{H}}_1}{\partial \overline{\boldsymbol{\zeta}}} \, \mathrm{d}L = -\frac{1}{2\pi} \frac{\partial}{\partial \overline{\boldsymbol{\zeta}}} \int_0^{2\pi} \overline{\mathcal{H}}_1 \, \mathrm{d}L \quad (4.63)$$

将式 (4.62) 代入上式，参考动力学方程部分的解析结果，即可以解析积分哈密顿函数并求偏导。第二部分对应的协态变量的导数与推力的开关机和方向有关，计算方法与动力学方程对应部分的讨论类似，需要先求偏导数，再与动力学方程一同采用梯形公式数值积分。

问题 C 的打靶函数与问题 B 类似，减少了一维末端时间的约束，即

$$\boldsymbol{\phi}_{\mathrm{C}}(\boldsymbol{z}_{\mathrm{C}}) = \begin{bmatrix} \overline{\boldsymbol{\zeta}}(L_f) - \boldsymbol{\zeta}_f \\ \overline{\lambda}_{m,\mathrm{C}}(L_f) \\ \overline{\lambda}_{t,\mathrm{C}}(L_f) \\ \left\| \overline{\boldsymbol{\lambda}}_{\zeta,\mathrm{C}}(L_0) \right\|^2 + \overline{\lambda}_{m,\mathrm{C}}^2(L_0) + \overline{\lambda}_{0,\mathrm{C}}^2 + \overline{\mathcal{H}}_{\mathrm{C}}^2(L_0) - 1 \end{bmatrix} = \boldsymbol{0}$$

$$(4.64)$$

其中 $\boldsymbol{z}_{\mathrm{C}} = \left[\overline{\boldsymbol{\lambda}}_{\zeta,\mathrm{C}}^{\mathrm{T}}(L_0), \, \overline{\lambda}_{t,\mathrm{C}}(L_0), \, \overline{\lambda}_{m,\mathrm{C}}(L_0), \, \overline{\lambda}_{0,\mathrm{C}} \right]^{\mathrm{T}}$。若采用轨道平均化模型并忽略进出阴影区时协态的不连续，则时间协态恒为零，可再减少一维打靶函数。

4.3.3　解析协态初值

通过前文对多圈轨迹优化问题的简化，我们已经得到了两个近似模型及三个等价的最优控制问题，并介绍了问题 C 结合轨道平均化方法的

近似与快速积分。但仍有两个问题尚未解决：一是问题 C 的求解依然需要猜测合适的协态初值以初始化打靶算法，求解的收敛率难以保证；二是为了讨论最优时间与 L_f 之间的关系，需要以不同的 L_f 多次求解问题 C，计算效率十分重要。为获得解析协态初值，考虑将问题 C 嵌入混合系统同伦求解，耦合系统仍设计为具有能量和时间指标的线性最优控制问题[106]。混合系统的指标函数为

$$J = \int_{L_0}^{L_s} \frac{\lambda_0}{F\left(\overline{\zeta}, L\right)} \, \mathrm{d} L + \int_{L_s}^{L_f} \frac{\lambda_0 \left(\tau^2 + 1\right)}{F\left(\overline{\zeta}_{\mathrm{n}}, L\right)} \, \mathrm{d} L \tag{4.65}$$

动力学方程为

$$\overline{\zeta}' = \begin{cases} \tilde{\boldsymbol{B}}_1\left(\overline{\zeta}, L\right) \left[\boldsymbol{\Delta}_{J_2}\left(\overline{\zeta}, L\right) + \dfrac{T_{\max}}{\overline{m}} \nu\left(\overline{\zeta}, L, \overline{t}\right) \tau \, \hat{\boldsymbol{\alpha}} \right], & \text{若} \quad L < L_s \\[4mm] \tilde{\boldsymbol{B}}_1\left(\overline{\zeta}_{\mathrm{n}}, L\right) \left[\boldsymbol{\Delta}_{J_2}\left(\overline{\zeta}_{\mathrm{n}}, L\right) + \dfrac{T_{\max}}{\overline{m}_s} \tau \, \hat{\boldsymbol{\alpha}} \right], & \text{若} \quad L \geqslant L_s \end{cases} \tag{4.66}$$

$$\overline{t}' = \begin{cases} \dfrac{1}{F\left(\overline{\zeta}, L\right)}, & \text{若} \quad L < L_s \\[4mm] \dfrac{1}{F\left(\overline{\zeta}_{\mathrm{n}}, L\right)}, & \text{若} \quad L \geqslant L_s \end{cases} \tag{4.67}$$

$$\overline{m}' = \begin{cases} \dfrac{T_{\max} \nu\left(\overline{\zeta}, L\right)}{I_{\mathrm{sp}} g_0 F\left(\overline{\zeta}, L\right)} \tau, & \text{若} \quad L < L_s \\[4mm] 0, & \text{若} \quad L \geqslant L_s \end{cases} \tag{4.68}$$

其中 $L_s = L_0 + \epsilon_2 \left(L_f - L_0\right)$ 为两个子系统之间的切换真经度，ϵ_2 是第二个同伦参数。混合系统在 $[L_0, L_s)$ 弧段的指标函数与动力学方程均与问题 C 相同，在 $[L_s, L_f]$ 弧段的动力学为线性化动力学方程，其中质量为常数，推力无约束且不考虑进入阴影区的情况。标称轨道仍取为如下线性形式：

$$\overline{\zeta}_{\mathrm{n}} = \overline{\zeta}_s + \frac{\overline{\zeta}_f - \overline{\zeta}_s}{L_f - L_s} \left(L - L_s\right) \tag{4.69}$$

因此第二个同伦参数将问题 C 与一个具有解析解的线性最优控制问题联系起来，可以使问题 C 通过解析初始化和同伦延拓方法求解。

当 $\epsilon_2 = 0$ 时，混合系统全部为线性子系统，此系统相比第 3 章中使用的线性系统形式上更为简单。接下来推导其解析协态初始值，系统的哈密顿函数为

$$\overline{\mathcal{H}}_L = \left[\overline{\boldsymbol{\lambda}}_\zeta^{\mathrm{T}} \, \boldsymbol{B}_1 \left(\boldsymbol{\Delta}_{J_2} + \frac{T_{\max}}{m_0} \, \tau \, \hat{\boldsymbol{\alpha}} \right) + \lambda_0 \left(\tau^2 + 1 \right) \right] \frac{1}{F} \tag{4.70}$$

通过最小化哈密顿函数，可得最优控制为

$$(\tau \, \hat{\boldsymbol{\alpha}})^\star = - \frac{T_{\max} \, \boldsymbol{B}_1^{\mathrm{T}}}{2 \, \lambda_0 \, m_0} \, \overline{\boldsymbol{\lambda}}_\zeta \tag{4.71}$$

由于哈密顿函数不显含平均轨道状态变量 $\overline{\boldsymbol{\zeta}}$，因此欧拉–拉格朗日方程为

$$\overline{\boldsymbol{\lambda}}_\zeta' = - \frac{\partial \mathcal{H}}{\partial \overline{\boldsymbol{\zeta}}} = \boldsymbol{0}, \quad \overline{\boldsymbol{\lambda}}_t' = - \frac{\partial \mathcal{H}}{\partial \overline{t}} = 0 \tag{4.72}$$

即所有协态变量均为常数。将式 (4.71) 和式 (4.72) 代入动力学方程式 (4.66)，并考虑边界条件，可积分得到

$$\boldsymbol{\zeta}_f - \boldsymbol{\zeta}_0 = \int_{L_0}^{L_f} \tilde{\boldsymbol{B}}_1 \, \boldsymbol{\Delta}_{J_2} \, \mathrm{d} L - \frac{T_{\max}^2}{2 \, \lambda_0 \, m_0^2} \int_{L_0}^{L_f} \tilde{\boldsymbol{B}}_1 \, \boldsymbol{B}_1^{\mathrm{T}} \, \overline{\boldsymbol{\lambda}}_\zeta \, \mathrm{d} L \tag{4.73}$$

求解方程 (4.73) 得到协态变量的解析解为

$$\overline{\boldsymbol{\lambda}}_\zeta = - \frac{2 \, \lambda_0 \, m_0^2}{T_{\max}^2} \left(\int_{L_0}^{L_f} \tilde{\boldsymbol{B}}_1 \, \boldsymbol{B}_1^{\mathrm{T}} \, \mathrm{d} L \right)^{-1} \left(\boldsymbol{\zeta}_f - \boldsymbol{\zeta}_0 - \int_{L_0}^{L_f} \tilde{\boldsymbol{B}}_1 \, \boldsymbol{\Delta}_{J_2} \, \mathrm{d} L \right) \tag{4.74}$$

其中积分部分 $\int_{L_0}^{L_f} \tilde{\boldsymbol{B}}_1 \, \boldsymbol{B}_1^{\mathrm{T}} \, \mathrm{d} L$ 在轨道平均化模型下可以解析积分；另一个积分部分为 J_2 摄动部分，其解析积分为式 (4.57)，整圈时可根据解析公式计算，不足整圈时采用梯形公式积分。因此，该解析解可以通过两个积

分部分的求和运算和一个 5×5 矩阵的求逆运算得到, 计算时间通常在 $1\,\mathrm{ms}$ 以内。

此外, 由于该子系统中质量为常数, 此处仍取质量协态不变, 即 $\lambda'_m = 0$。根据末端边界条件, 可得质量协态和时间协态均为

$$\overline{\lambda}_m (L_0) = \overline{\lambda}_m (L_f) = 0, \quad \overline{\lambda}_t (L_0) = \overline{\lambda}_t (L_f) = 0 \tag{4.75}$$

根据协态归一化条件式 (4.49), 解析解的协态变量满足

$$\left\| \overline{\boldsymbol{\lambda}}_\zeta \right\|^2 + \lambda_0^2 + \overline{\mathcal{H}}_L^2 (L_0) = 1 \tag{4.76}$$

仿真计算时, 可先按照 $\lambda_0 = 1$ 求解式 (4.74) 得到协态解析解和哈密顿函数的值; 而后将它们同时乘以归一化乘子 λ_0, 代入式 (4.76) 即可得到关于 λ_0^2 的线性方程, 取正根即为 λ_0 的值; 最后将 λ_0 与原协态解析解相乘即可得到归一化之后的协态解析解。

4.4 近似模型下多圈转移和交会轨迹求解

在考虑轨迹优化问题时, 求解的顺序和问题简化的顺序往往相反, 是从易到难逐步求解复杂的原问题。本节首先考虑近似模型下的求解问题, 主要涉及问题 C 和问题 B 的求解。问题 C 的时间最优解为不满足交会条件的转移轨迹, 若遍历 L_f 使时间最短, 则该解即为时间最优转移轨迹。问题 B 的时间最优解符合与目标交会的条件, 仅有特定 L_f 下的问题 C 的解符合这一要求。

4.4.1 末端真经度固定问题的间接法求解

问题 C 的求解方法与第 2 章混合系统的同伦延拓方法相同。在给定 L_f 的条件下, $\epsilon_2 = 0$ 对应的线性化问题具有解析协态, 即式 (4.74)~式 (4.76)。逐步增大 ϵ_2 的值, 利用之前收敛的协态初始值作为初值求解当前 ϵ_2 对应的混合系统优化问题, 直至 $\epsilon_2 = 1$ 对应的问题 C 求解收敛, 具体同伦过程如图 4.2 所示, 其中同伦步长 $e_2 = 0.2$, 此过程与算法 3.1 类似。

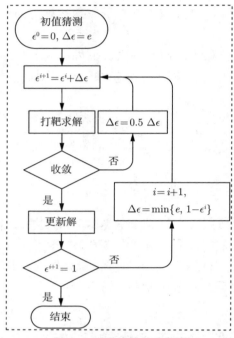

图 4.2　同伦算法流程图

考虑 GTO 至 GEO 的轨道转移问题，初末轨道参数如表 4.1 所示。航天器采用太阳能电推进系统，初始质量为 $m_0 = 1200\,\mathrm{kg}$，发动机比冲为 $I_{\mathrm{sp}} = 1800\,\mathrm{s}$，输入功率为 $P = 5.0\,\mathrm{kW}$，效率为 $\eta = 55\%$。初始时刻（$t_0 = 0$）为 2000 年 3 月 22 日 00:00:00.0 UT。太阳的位置矢量可查询星历文件 DE421 得到，仿真中采用如下归一化方法：长度单位为地球半径 R_{e}，时间单位为地球半径处圆轨道周期的 $1/(2\pi)$，质量单位为航天器的初始质量 m_0。此部分积分均采用梯形公式以提高计算速度，其中部分积分可以根据上文的讨论解析得到，太阳位置矢量信息预先单次读取并离散存储，避免重复读取以提高效率，其余算法和仿真环境设置均与第 2 章相同，在此不再赘述。

问题 C 的末端真经度设置为 $L_f = 320\pi$，即航天器转移 160 圈后到达 GEO。同伦过程中各 ϵ_2 对应问题和问题 C 的解如表 4.2 所示，$t_f^\star$ 为积分该最优解得到的最短转移时间，共需 5 步求解问题 C，随着 ϵ_2 的增大，协态初始值和转移时间逐渐接近问题 C 的解。仿真过程中各个解的轨道根数以及时间随真经度的变化曲线如图 4.3 所示，各状态变量的变化规律均随着 ϵ_2 的增大而更加复杂，更接近非线性问题 C 的解。航天器的质量随真经度变化曲线如图 4.4 所示，在系统切换后航天器的质量为常数。单次求解问题 C 的计算耗时为 0.106 s，其中 $\epsilon_2 = 0$ 时协态初始化仅需约 0.02 ms，因此该算法具有较高的计算效率，能够设置不同的 L_f 多次求解以寻找符合交会条件的末端真经度和最优时间。

表 4.1　　初始时刻 t_0 航天器的初末轨道状态[196]

轨道	a/km	e	$i/(°)$	$\Omega/(°)$	$\omega/(°)$	$L/(°)$
GTO	24364.483	0.7306	28.5	0	0	0
GEO	42163.950	0	0	—	—	0

表 4.2　　不同 ϵ_2 对应问题的协态初始值和转移时间

问题	λ_ζ	λ_t	λ_m	$\lambda_0/10^{-5}$	$t_f^\star/\text{d}$
$\epsilon_2 = 0.0$	$[-0.0279, 0.2430, 0.0212, 0.9548, -0.1674]^{\text{T}}$	0.0	0.0	1.8962	104.76
$\epsilon_2 = 0.2$	$[-0.0814, -0.0370, 0.0521, 0.9707, -0.2039]^{\text{T}}$	0.0	0.0579	1.8610	99.66
$\epsilon_2 = 0.4$	$[-0.1535, -0.4680, 0.0960, 0.8286, -0.1764]^{\text{T}}$	0.0	0.1368	1.7285	99.59
$\epsilon_2 = 0.6$	$[-0.1910, -0.8079, 0.0860, 0.4779, -0.1086]^{\text{T}}$	0.0	0.1971	1.2781	107.78
$\epsilon_2 = 0.8$	$[-0.1850, -0.8421, 0.0683, 0.3373, -0.0769]^{\text{T}}$	0.0	0.2849	1.6251	123.99
问题 C	$[-0.1385, -0.5122, 0.0979, 0.5107, -0.0814]^{\text{T}}$	0.0	0.5204	4.0243	118.53

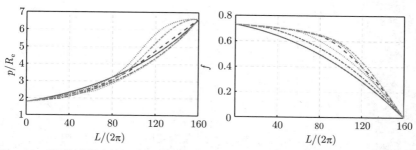

图 4.3　同伦过程中航天器轨道根数和时间随真经度的变化曲线图（前附彩图）

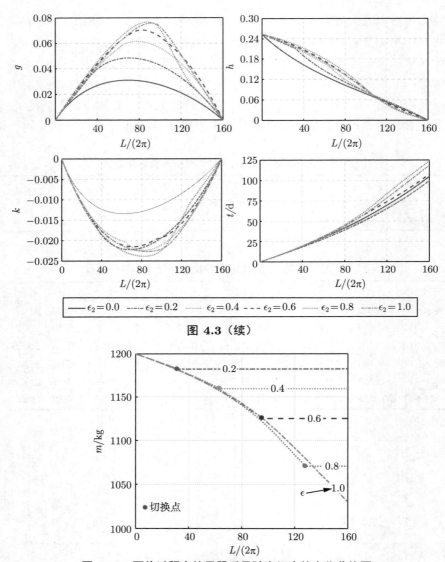

图 4.3（续）

图 4.4　同伦过程中航天器质量随真经度的变化曲线图

　　本章求解问题 C 采用了第 3 章的方法，以解析初始化求解过程，提高仿真计算的效率。除此之外，第 2 章所给出的协态初值估计方法也可以用于直接求解时间最优问题。但协态初值估计方法需要给出每个轨道周期内的推力方向，要采用传统解析控制律如李雅普诺夫反馈控制[73]、

Q-law 控制[200] 等方法生成。相比而言，本章所使用的标称轨道较为简单，算例表明该标称轨道设计适合求解 GTO 至 GEO 转移问题。

4.4.2　最优交会时刻分析

研究固定 L_f 问题的出发点仍然是以此为基础，进一步求解时间最优交会问题，特别是克服其多局部解的难点。至此，我们已经解决了第一个子问题，需要进一步研究最优时间和 L_f 的关系。随着 L_f 的逐渐变化，最优时间也会有所不同，据此即可绘制出一条 $t_f^\star$-L_f 的关系曲线，经大量随机猜测初值的优化结果表明，固定 L_f 问题的 $t_f^\star$ 一般仅有单个最优解。针对上文中的算例，图 4.5 给出了以 0.02 圈为步长离散求解 401 个 L_f 固定问题的最优转移时间 $t_f^\star$，可以看到最优转移时间随末端真经度的变化十分复杂，每圈均有数个驻点，每个驻点均为 L_f 自由时转移问题的局部极值解。根据图中的规律可知，对于时间最优转移问题，每圈均有两个局部极小值点和两个局部极大值点，文献 [19] 中限制圈数的做法仍无法区分单圈内的两个解，有一定局限性。

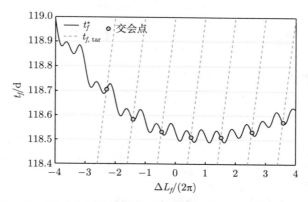

图 4.5　随 L_f 变化的最优时间曲线 $(\Delta L_f = L_f - 320\,\pi)$

当 L_f 设置为 $320\,\pi$ 时，最优转移时间为 $t_f^\star = 118.53\,\mathrm{d}$；当 L_f 自由时，最优转移时间为 $t_f^\star = 118.49\,\mathrm{d}$，对应的末端真经度为 $L_f = 322.28\,\pi$。此最优时间结果略小于已有文献的结果（$t_f^\star = 118.62\,\mathrm{d}$[196] 和 $t_f^\star = 121.22\,\mathrm{d}$[178]），可以看出本章方法具有更好的最优性，能够寻找目标极值点。虽然问题 C 仅为近似模型，但通过对比后文高精度的结果可知，

其结果的精度较高，可以满足性能指标估计的需求。此外，由于转移问题的求解相对容易，在后文高精度求解时，我们将不再分析求解转移问题，若有需要可以根据交会问题的打靶条件类似地给出转移问题的打靶条件。

接下来分析交会情形，图 4.5 同样给出了 GEO 交会目标航天器的到达时刻 $t_{f,\text{tar}}$ 与末端真经度 L_f 的关系曲线，由于交会目标飞行的圈数待定，曲线为分段形式。当交会条件满足时，航天器的末端时间一定落在 $t_{f,\text{tar}}$-L_f 曲线上；又由于航天器末端时间的可选范围为 $t_f^\star$-L_f 的上方区域，因此符合交会条件的航天器最优时间与末端真经度的关系为 $t_f^\star$-L_f上方的分段 $t_{f,\text{tar}}$-L_f 曲线，图 4.5 中所示的交会点均为局部极值点。根据问题 B 和问题 C 的等价条件可知，各交会点均为问题 B 的解。寻找交会点对应的 L_f 是一个单变量求根问题，构造函数

$$f_L\left(L_f\right) = t_{f,\text{tar}} - t_f^\star \tag{4.77}$$

方程 (4.77) 可以使用割线法[41] 快速迭代求解，迭代公式为

$$L_f^{(k+1)} = L_f^{(k)} - \alpha \frac{L_f^{(k)} - L_f^{(k-1)}}{f_L^{(k)} - f_L^{(k-1)}} f_L^{(k)} \tag{4.78}$$

式中 $f_L^{(k)} = f_L(L_f^{(k)})$，$\alpha$ 是调整迭代步长的参数，以保证迭代过程中均满足 $|f_L(L_f^{(k+1)})| \leqslant |f_L(L_f^{(k)})|$。每次迭代时，将 α 设置为 1.0，当 $|f_L(L_f^{(k+1)})| \leqslant |f_L(L_f^{(k)})|$ 不满足时，令 $\alpha = 0.5\alpha$ 以减小步长，重新迭代，直至满足迭代条件。该算法需要设置迭代初值 $L_f^{(0)}$ 和 $L_f^{(1)}$，具有超线性收敛的特性。

针对图 4.5 中的各个交会点，采用割线法求解相应的末端真经度及其最优时间，仿真结果如表 4.3 所示。割线法的第一个迭代初值设置为整圈数，第二个初值稍大于第一个，可以看出经过数次迭代，各个圈数设置均获得了收敛解。在各个解中，计算耗时最长的约需 0.802 s，具有最优指标的解为 $L_f^{(k+1)} / (2\pi) = 161.51040$，对应的最优交会时间为 $t_f^\star = t_{f,\text{tar}} = 118.51040$ d。在问题 C 的求解中，使用了轨道平均化模型，并忽略了协态进出阴影区不连续的性质，因此表 4.3 的求解结果仅作为估计值，稍差于最优结果。由于 $L_f^{(k+1)} / (2\pi) = 160.51081$ 和 $L_f^{(k+1)} / (2\pi) = 161.51040$ 的结果十分接近，无法准确判断两个解的优劣，最优交会时间仍需要进一步求解才能确定。

表 4.3　割线法求解各个交会点的仿真结果

$L_f^{(0)}/(2\pi)$	$L_f^{(1)}/(2\pi)$	$k+1$	$L_f^{(k+1)}/(2\pi)$	$f_L^{(k+1)}/\mathrm{d}$	$t_f^\star/\mathrm{d}$	计算耗时/s
157.0	157.1	5	157.70302	-0.818×10^{-9}	118.70302	0.680
158.0	158.1	6	158.58248	-1.135×10^{-9}	118.58248	0.802
159.0	159.1	5	159.53272	-1.904×10^{-8}	118.53272	0.726
160.0	160.1	5	160.51081	-2.095×10^{-9}	118.51081	0.749
161.0	161.1	5	161.51040	-0.764×10^{-9}	118.51040	0.710
162.0	162.1	5	162.53303	-1.287×10^{-8}	118.53303	0.698
163.0	163.1	5	163.57328	-1.090×10^{-7}	118.57328	0.667

4.4.3　以真经度为自变量问题的间接法求解

以 4.4.2 节给出的交会点真经度和协态初始值为猜测值，采用打靶法求解问题 B，打靶函数为问题 C 的打靶函数添加一维时间约束（或将式 (4.49) 中的末端静态条件修改为 $\lambda_t=0$）。在数值仿真中，积分动力学方程和欧拉–拉格朗日方程均使用了 ode45 变步长积分，太阳矢量位置采用实时查询星历文件得到，仿真计算效率较低。依次求解表 4.3 中各个猜测解，仿真的时间最优结果、打靶过程中平均迭代次数和函数调用次数、计算耗时如表 4.4 所示。可以看出，各个圈数的打靶求解难度相近，均需要 20 次左右的迭代，调用打靶函数 70 次左右，计算耗时约为 30 s。由于问题 B 的欧拉–拉格朗日方程更为准确，各个交会点的问题 B 的解均略优于问题 C 的解，其中最优解的末端真经度为 $L_{f,\mathrm{B}}/(2\pi)=160.43492$，最优时间为 $t_f^\star=118.43492\,\mathrm{d}$。

表 4.4　以问题 C 的解为初值猜测求解问题 B 的仿真结果

$L_{f,\mathrm{C}}/(2\pi)$	$L_{f,\mathrm{B}}/(2\pi)$	$t_f^\star/\mathrm{d}$	NoI	NoF	计算耗时/s
157.70302	157.58173	118.58173	17	70	27.793
158.58248	158.50136	118.50136	18	61	22.992
159.53272	159.45556	118.45556	20	53	21.906
160.51081	160.43492	118.43492	22	72	29.275
161.51040	161.43651	118.43651	21	59	24.714
162.53303	162.45794	118.45794	23	85	34.743
163.57328	163.49639	118.49639	18	52	20.911

4.5 高精度模型下多圈交会轨迹优化

问题 A 和问题 B 的动力学模型与高精度模型接近，得到问题 B 的解后，问题 A 的解可以由问题 A 和问题 B 之间的协态关系式 (4.28)~式 (4.32) 得到，最后迭代同伦参数 ϵ_1 即可求解高精度模型下的多圈交会轨迹优化问题。考虑到推力加速度远小于引力加速度，同伦过程的迭代步长取为 $e_1 = 1.0$，当迭代失败时尝试更小的迭代步长。通常情况下，仅需一次迭代即可求解高精度模型下的交会轨迹优化问题。

在表 4.4 结果的基础上，进一步求解高精度模型下的轨迹优化问题，结果如表 4.5 所示，其中 $L_f / (2\pi)$ 表示高精度模型下解的末端真经度，与 $L_{f,\mathrm{B}} / (2\pi)$ 十分接近。因此，问题 B 的估计精度较高，其各个交会点的最优解与高精度模型下的最优解相差约千分之一天。高精度模型下，最优结果为 $t_f^\star = 118.43399\,\mathrm{d}$，相应的问题 C、问题 B/A 以及高精度模型下时间最优问题的协态初始值如表 4.6 所示。问题 A 中真经度协态初始值根据协态关系有 $\lambda_L = \mathcal{H}_{\mathrm{B}} = -8.611 \times 10^{-5}$，其他协态和问题 B 中对应的值相同，因此两个问题合并为一个结果。高精度模型下的协态初始值和问题 B 的协态值十分接近，验证了问题 B 的近似效果。

表 4.5　以问题 B 的解为初值猜测求解高精度模型问题的仿真结果

$L_{f,\mathrm{B}} / (2\pi)$	$L_f / (2\pi)$	$t_f^\star / \mathrm{d}$	NoI	NoF	计算耗时/s
157.58173	157.58032	118.58032	10	38	16.258
158.50136	158.50025	118.50025	7	49	19.436
159.45556	159.45455	118.45455	22	132	53.245
160.43492	160.43399	118.43399	6	82	29.114
161.43651	161.43568	118.43568	9	32	14.077
162.45794	162.45721	118.45721	9	36	14.732
163.49639	163.49575	118.49575	20	75	32.606

时间最优解的圈数为 160 圈，最优时间为 $t_f^\star = 118.43\,\mathrm{d}$，总燃料消耗为 169.39 kg。在 STW 坐标系中的最优推力曲线如图 4.6 所示，其最优推力大小在阴影区外为 $\tau^\star = 1$，在阴影区内关机。整段轨迹中，关机总时长为 $t_{\nu=0} = 7.36\,\mathrm{d}$，在 $t > 59.07\,\mathrm{d}$ 后，航天器均未进入阴影区。航

天器的交会轨迹在 J2000 平赤道地心坐标系 xoy 平面内的投影如图 4.7 所示，最优推力首先使交会轨迹的半长轴增大，而后使轨道偏心率和倾角逐渐降低。在高精度模型下，交会轨迹的各轨道根数随时间的变化曲线如图 4.8 所示，各轨道根数在每个周期内的变化规律比轨道平均化模型下的曲线更加复杂。

表 4.6　　各个问题下的时间最优解及其协态初始值

问题	λ_ζ	$\lambda_L/10^{-5}$	λ_m	$\lambda_0/10^{-5}$	$t_f^\star/\text{d}$
问题 C	$[-0.13469, -0.48654, 0.09967,$ $0.52169, -0.08207]^{\text{T}}$	—	0.52908	4.178	118.51081
问题 B/A	$[-0.16608, -0.69321, 0.07429,$ $0.50129, -0.07775]^{\text{T}}$	-8.611	0.47855	3.795	118.43492
高精度	$[-0.16606, -0.69313, 0.07427,$ $0.50137, -0.07765]^{\text{T}}$	-8.609	0.47862	4.589	118.43399

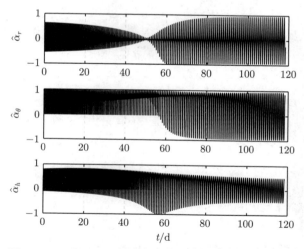

图 4.6　STW 坐标系中时间最优解的最优推力曲线图

本章方法和随机猜测初始化的间接法[17]、Q-law 方法[73,196]、直接法[196] 的仿真结果与效率的对比如表 4.7 所示。其中，间接法[17] 的打靶函数与本章高精度模型下的打靶函数相同，初值猜测的协态初始值在高维单位球面上随机猜测产生，飞行时间直接设为最优值；Q-law 方法[73]是常用的近优控制律生成方法，但结果的最优性较差；直接法[196] 采用 Q-law 生成初值并辅助迭代的方法，可以实现较高的收敛率。相比而言，本章方法可以在 1 min 时间内实现求解，通过逐步求解问题 C、问题 B 和高精度模型克服了间接法对初值猜测敏感的问题，计算效率高于传统间接法和直接法。通过对比问题 C 的不同交会点，可以初步判定全局较优的解，因此本章方法能够区分不同的局部最优解，所得结果具有较好的最优性。

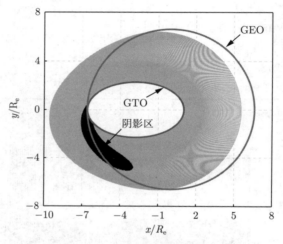

图 4.7 xoy 平面内时间最优轨迹图

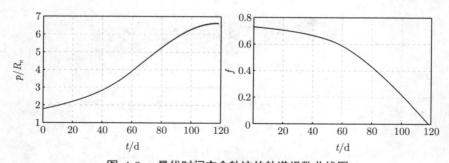

图 4.8 最优时间交会轨迹的轨道根数曲线图

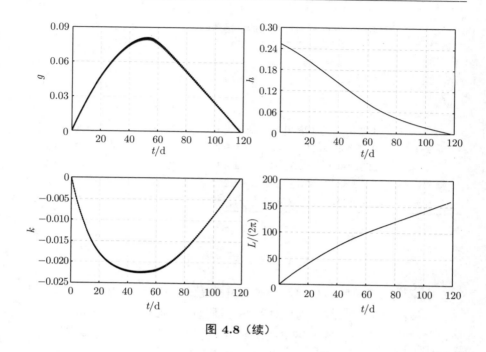

图 4.8（续）

表 4.7　　本章方法与传统方法的计算结果与效率对比

方法	$t_f^\star$ / d	Δm / kg	计算耗时	收敛率
本章方法	118.43	169.39	0.99 min	1/1
Q-law 方法[196]	119.79	179.81	小于 1 min	1/1
直接法[196]	118.62	169.44	2.75 h	1/1
间接法[17]	118.43	169.39	7.09 h	1/1000

　　为测试本章方法的适应性，表 4.8 给出了不同初始推力加速度情况下的时间最优问题的求解结果。交会点估计过程是指问题 C 的求解并确定交会点，高精度轨迹优化为依次求解问题 B 和高精度轨迹优化问题。随着初始推力加速度的降低，时间最优交会轨迹的圈数更多、飞行时间更长且燃料消耗更多。圈数越多，交会点估计和高精度轨迹优化均需要更长的计算时间，但本章方法均得到了收敛结果。因此，本章方法可以快速估计并求解几百圈的多圈交会轨迹优化问题，具有较高的仿真效率。

表 4.8   不同初始推力加速度场景时间最优问题仿真结果

$T_{\max}/m_0$	交会点估计			高精度轨迹优化		
$/10^{-4}\mathrm{m}^{-1}\cdot\mathrm{s}^2$	$L_f/(2\pi)$	$t_f^{\star}/\mathrm{d}$	计算耗时/s	$L_f/(2\pi)$	$t_f^{\star}/\mathrm{d}$	计算耗时/min
2.6	160.38020	118.38020	0.656	160.26338	118.26338	0.761
2.4	174.01756	128.01756	0.604	173.94790	127.94790	0.922
2.0	208.19460	153.19460	0.996	208.12211	153.12211	1.255
1.6	263.79045	192.79045	1.592	263.75717	192.75717	1.105
1.2	352.12207	258.12207	1.202	352.19445	258.19445	1.880
0.8	534.23612	394.23612	1.887	534.58778	394.58778	3.230

4.6   本 章 小 结

本章提出了时间最优多圈轨迹优化问题的一种解析初始化方法，提高了间接法求解的收敛率和计算效率。通过同伦延拓方法、Sundman 变换以及边界条件的转换，本章给出了近似模型下两个等价的多圈轨迹优化问题（问题 A 和问题 B），构造了具有固定末端真经度的问题 C，并分析了三个问题之间协态的转换关系。相比于原问题，问题 A 和问题 B 具有更简单的动力学方程，更易于求解。问题 A 可以和原问题联系起来，问题 B 可以转化为问题 C 求解协态和交会点真经度的初值；问题 C 最优解的规律简单，通常不会出现多解问题，更易于分析最优时间和末端真经度的关系，从而提高全局最优性。通过轨道平均化和混合系统同伦延拓方法，本章设计了问题 C 的快速求解算法，其中协态变量可以解析初始化，常微分方程的部分右函数可以解析积分，航天器进出阴影区位置可以解析解算。根据数值分析可知，时间最优转移问题在每圈内有两个局部极小值点，交会问题在每圈内均有一个局部极小值点。

本章主要分析求解了 160 圈左右的 GTO 到 GEO 卫星转移和交会问题。求解问题 C 时，解析初始化的计算耗时约为 0.02 ms，迭代求解的计算耗时约为 0.1 s。根据不同末端真经度下问题 C 的最优解，可以绘制出 $t_f^{\star}$-L_f 曲线，即可分析得出各个转移和交会的极值点。针对交会情形，以每个交会点为初值，可以逐步求解高精度模型下时间最优交会，最优结果与问题 C 的交会点估计结果较为接近。相比传统方法，本章方法可以保证局部最优，兼顾了该问题多局部解的处理，所给出的转移和交会问题的最优结果均优于文献中的结果，且具有较高的计算效率。不同初始推力加速度情形下的算例测试表明，本章方法适宜求解几百圈的时间最优交会问题。

第 5 章　多圈交会的燃料最优问题求解

5.1　本 章 引 论

本章研究燃料最优多圈轨迹的间接法优化问题。相比时间最优问题，燃料最优问题的求解更加困难，由于其最优控制为砰砰控制，问题的非线性更强，对初值猜测更加敏感。此外，燃料最优解的开关机次数随轨迹圈数的增加而增多，最优控制规律更加复杂。在第 3 章的算例中，我们已经介绍数圈的燃料最优交会轨迹开关机次数多于单圈轨迹，其求解更加困难。在求解上百圈的燃料最优轨迹时，如何以合理的初值猜测快速求解燃料最优问题，克服大量开关机情况下的求解困难仍有待研究。

通常，直接法需要大量的离散变量来保证求解燃料最优问题的精度[175-176,179]，计算较为耗时，而且难以精确表示大量的开关机序列。采用次优控制律[71,203]和轨道平均化方法[50,72]可以提高效率，但方法的最优性难以保证。相比较而言，间接法的优势在于可以严格地满足一阶必要条件[100]，用协态变量精确解析表达出砰砰控制形式[44,86]，但对初值猜测十分敏感。在求解多圈燃料最优问题时，合理的初值猜测更加困难。在已有文献中，燃料最优问题可以采用同伦延拓方法与能量最优问题联系起来，从而提高间接法求解的收敛率[86,100]。协态归一化、开关机切换函数检测以及粒子群算法全局搜索等技术显著提高了能量最优至燃料最优同伦求解的效率[17]，解析的梯度矩阵和多维度的同伦延拓方法[36,93]提高了求解算法的适应性。然而，能量最优问题仍需要初值猜测求解，多次打靶尝试需要反复积分多圈轨迹，必然会显著增加计算时间，因此解析初始化求解十分重要。一种策略是采用第 2 章中的方法，但需要合理的标称轨道设计[149]；另一种策略是参考第 3、4 章中的方法，发展燃料最优问题的解析初始化方法。

　　针对燃料最优多圈轨迹优化问题，本章提出了多次同伦优化的方法。为实现快速求解燃料最优轨迹，首先使用同伦延拓方法将燃料最优问题同能量最优问题联系起来，以平滑化砰砰控制；随后基于类似第 4 章的同伦延拓方法简化动力学模型并进行 Sundman 自变量变换；最后通过末端时间约束的同伦将末端边界条件进行转换，构建末端时间自由、真经度固定的能量最优问题。仍采用混合系统同伦延拓方法使此简单问题解析初始化，原燃料最优问题可以通过时间约束、动力学以及指标的多次同伦，逐步迭代求解。本章首先介绍燃料最优轨迹优化模型，并分别分析指标、动力学和时间约束的同伦延拓方法；随后给出与简化顺序相反的多次同伦迭代求解算法；最后通过 GTO 至 GEO 的燃料最优交会算例验证本章方法的仿真效果。

5.2　燃料最优轨迹优化模型

　　仍考虑二体模型下的连续推力轨迹优化问题，以春分点轨道根数描述航天器的轨道状态，动力学方程为

$$\dot{\boldsymbol{x}} = \boldsymbol{A}\left(\boldsymbol{x}\right) + \frac{T_{\max}}{m}\,\boldsymbol{B}\left(\boldsymbol{x}\right)\,\tau\,\hat{\boldsymbol{\alpha}} \tag{5.1}$$

$$\dot{m} = -\frac{T_{\max}\tau}{I_{\mathrm{sp}}\,g_0} \tag{5.2}$$

式中各物理量的含义与前文相同。优化指标取为

$$J = m_0 - m_f = \int_{t_0}^{t_f} \frac{T_{\max}\tau}{I_{\mathrm{sp}}\,g_0}\,\mathrm{d}\,t \tag{5.3}$$

即最大化末端质量或最小化飞行过程中的燃料消耗。式中 t_0 和 t_f 分别表示初始和末端时刻，两者在燃料最优轨迹优化问题中一般均为固定值。其余边界条件为

$$\boldsymbol{x}\left(t_0\right) = \boldsymbol{x}_0, \quad m\left(t_0\right) = m_0 \tag{5.4}$$

$$\boldsymbol{x}\left(t_f\right) = \boldsymbol{x}_f \tag{5.5}$$

其中初始时刻的轨道状态和质量均为固定值，末端时刻的质量自由，末端轨道状态中圈数待定，其余轨道状态为固定值。设轨道圈数为

$$
N_{\mathrm{rev}} = \mathrm{INT}\left(\frac{L_f - L_0}{2\pi}\right) \tag{5.6}
$$

即随着轨道圈数的变化，末端真经度可以取离散的相差 2π 整数倍的不同数值。通常情况下，可行的轨道圈数范围与轨迹优化问题的边界条件以及动力学参数的设置有关，可以通过简单模型下的快速优化选定合适的圈数，或通过遍历的方法多次求解燃料最优问题选取最优解。在本章中，我们主要讨论给定圈数情况下的轨迹优化问题，即 L_f 为一固定值。

在间接法求解燃料最优问题时，可以首先求解能量最优问题，再通过同伦迭代的方法逐步求解燃料最优问题，此时优化问题的指标修改为

$$
J = \lambda_0 \int_{t_0}^{t_f} \frac{T_{\max}}{I_{\mathrm{sp}}\, g_0}\left[\tau - \epsilon_1\, \tau\,(1-\tau)\right] \mathrm{d}\, t \tag{5.7}
$$

其中 λ_0 为协态归一化乘子[17]。我们将原燃料最优控制问题称为"问题 0"，指标修改为式 (5.7) 后的问题称为"问题 1"，两个问题具有相同的动力学方程式 (5.1) 和式 (5.2)，相同的边界条件式 (5.4) 和式 (5.5)。当 $\epsilon_1 = 0$ 时，问题 1 即为问题 0；当 $\epsilon_1 = 1$ 时，问题 1 为更简单的能量最优问题。

为求解问题 1，建立哈密顿函数为

$$
\mathcal{H}_1 = \boldsymbol{\lambda}_x^{\mathrm{T}}\left[\boldsymbol{A}\,(\boldsymbol{x}) + \frac{T_{\max}}{m}\,\boldsymbol{B}\,(\boldsymbol{x})\,\tau\,\hat{\boldsymbol{\alpha}}\right] - \lambda_m \frac{T_{\max}}{I_{\mathrm{sp}}\, g_0}\,\tau + \lambda_0 \frac{T_{\max}}{I_{\mathrm{sp}}\, g_0}\left[\tau - \epsilon_1\, \tau\,(1-\tau)\right]
$$

$$
\tag{5.8}
$$

其中 $\boldsymbol{\lambda} = \left[\boldsymbol{\lambda}_x^{\mathrm{T}},\, \lambda_m,\, \lambda_0\right]^{\mathrm{T}}$ 为协态矢量。为最小化哈密顿函数，最优推力方向 $\hat{\boldsymbol{\alpha}}^{\star}$ 和推力大小 $\tau^{\star}$ 取为

$$
\hat{\boldsymbol{\alpha}}^{\star} = -\frac{\boldsymbol{B}^{\mathrm{T}}\,(\boldsymbol{x})\,\boldsymbol{\lambda}_x}{\left\|\boldsymbol{B}^{\mathrm{T}}\,(\boldsymbol{x})\,\boldsymbol{\lambda}_x\right\|} \tag{5.9}
$$

$$
\tau^{\star} = \begin{cases} 0, & \text{若} \quad \rho_1 > \epsilon_1 \\[2mm] \dfrac{1}{2} - \dfrac{\rho_1}{2\,\epsilon_1}, & \text{若} \quad |\rho_1| \leqslant \epsilon_1 \\[2mm] 1, & \text{若} \quad \rho_1 < -\epsilon_1 \end{cases} \tag{5.10}
$$

其中 ρ_1 为切换函数，表达式为

$$
\begin{aligned}
\rho_1 &= 1 + \frac{I_{\mathrm{sp}}\, g_0}{m\,\lambda_0} \boldsymbol{\lambda}_x^{\mathrm{T}} \boldsymbol{B}\left(\boldsymbol{x}\right) \hat{\boldsymbol{\alpha}} - \frac{\lambda_m}{\lambda_0} \\
&= 1 - \frac{I_{\mathrm{sp}}\, g_0 \left\| \boldsymbol{B}^{\mathrm{T}}\left(\boldsymbol{x}\right) \boldsymbol{\lambda}_x \right\|}{m\,\lambda_0} - \frac{\lambda_m}{\lambda_0}
\end{aligned}
\tag{5.11}
$$

可以看出，假设不考虑奇异控制，切换函数只在有限个离散点处取零，当 ϵ_1 取零时，$\tau^\star$ 仅在有限个离散点上取值待定，可以忽略不计，最优控制为砰砰控制；当 ϵ_1 大于零时，推力大小连续变化；ϵ_1 越大，推力在切换点处变化越缓慢。协态的欧拉–拉格朗日方程可以由哈密顿函数对状态取偏微分得到：

$$
\lambda_{x,i} = -\lambda_{x,j} \left[\frac{\partial A_j}{\partial x_i} + \frac{T_{\max}}{m} \left(\frac{\partial B_{jk}}{\partial x_i} \tau\, \hat{\alpha}_k \right) \right]
\tag{5.12}
$$

$$
\lambda_m = -\frac{T_{\max}\, \tau}{m^2} \left\| \boldsymbol{B}^{\mathrm{T}}\left(\boldsymbol{x}\right) \boldsymbol{\lambda}_x \right\|
\tag{5.13}
$$

其中 $i = 1, 2, \cdots, 6$ 分别表示各个协态或状态变量；$j = 1, 2, \cdots, 6$ 和 $k = 1, 2, 3$ 为适用求和约定的哑指标。A_j 和 B_{jk} 分别为 $\boldsymbol{A}$ 和 $\boldsymbol{B}$ 中对应位置的元素。

根据横截条件，末端质量协态应为零，其余协态自由，因此末端约束条件为

$$
\lambda_m\left(t_f\right) = 0
\tag{5.14}
$$

若给定协态变量初始值，则可以根据初始状态和协态变量积分动力学方程和欧拉–拉格朗日方程，得到末端状态和协态变量的值。由此，可以构建两点边值问题，并使用打靶法求解。打靶函数为

$$
\boldsymbol{\phi}_1\left(\boldsymbol{z}\right) = \left[\boldsymbol{x}^{\mathrm{T}}\left(t_f\right) - \boldsymbol{x}_f^{\mathrm{T}},\, \lambda_m\left(t_f\right),\, \left\| \boldsymbol{\lambda}\left(t_0\right) \right\| - 1 \right]^{\mathrm{T}} = \boldsymbol{0}
\tag{5.15}
$$

其中 $\boldsymbol{z} = \boldsymbol{\lambda}\left(t_0\right)$ 为 8 维的打靶变量。每次求解打靶函数均需要一次积分，当求解燃料最优问题时，最优控制为砰砰控制，微分方程的右函数为不连续函数，积分精度难以保证；另外，当圈数较多时，积分时间以及单次调用打靶函数所需的时间均显著增加，多次尝试与迭代求解的计算更加耗时。因此，该同伦过程可以避免直接求解砰砰控制，提高积分精度。同时，提供合理的初值猜测可以提升收敛率并降低迭代次数，有益于提高计算效率。

在现有方法中，协态初值可以通过随机猜测[100]、PSO 搜索[17] 或直接法[74] 等方法给出。针对某些特定的问题（如小偏心率或近平面轨道的交会问题[42,204]），协态初值可以通过近优控制律估计。在本章中，使用与第 4 章类似的方法，能量最优问题可以进一步简化，最终使燃料最优问题可以用多次同伦算法和解析的协态初值快速求解。能量最优问题的简化流程如图 5.1 所示，通过三次同伦延拓方法，依次将问题转化为近似模型下的能量最优问题、末端时间自由的能量最优问题和线性能量最优问题。其中，近似模型下的能量最优问题可以分别采用时间和真经度作为自变量，对应地给出两个等价的最优控制问题以及它们之间的协态初始值转换关系；末端时间自由问题可以通过时间约束的同伦实现放松约束的作用；最终的线性能量最优问题及其解析解是为混合系统同伦延拓方法而设计的。整个简化过程中的协态可以实现连续转换，以解析协态初始值初始化求解算法，而后通过同伦迭代快速求解燃料最优问题。

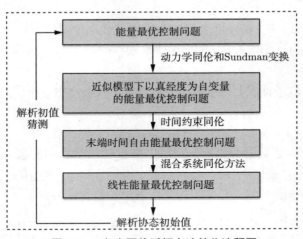

图 5.1　多次同伦延拓方法简化流程图

5.3　多次同伦延拓求解算法

本节给出具体的各个问题的构造及分析，主要介绍三次同伦延拓方法的不同应用，逐步将原能量最优问题转化为具有解析协态初值的线性问题。在后文中，我们将直接介绍带有同伦参数的最优控制问题，方便算法实现，其中部分与第 4 章类似的内容将简略描述。

5.3.1 Sundman 变换下协态映射

将描述轨道状态的春分点轨道根数分为快变量 $\boldsymbol{\zeta} = [p, f, g, h, k]$ 和慢变量 L，类似动力学方程式 (4.10) 和式 (4.11)，构造如下动力学方程：

$$\dot{\boldsymbol{\zeta}} = \frac{T_{\max}}{m} \boldsymbol{B}_1 (\boldsymbol{\zeta}, L) \, \tau \hat{\boldsymbol{\alpha}} \tag{5.16}$$

$$\dot{L} = A_6 (\boldsymbol{\zeta}, L) + (1 - \epsilon_2) \frac{T_{\max}}{m} \boldsymbol{B}_2 (\boldsymbol{\zeta}, L) \, \tau \hat{\boldsymbol{\alpha}} \tag{5.17}$$

$$\dot{m} = -\frac{T_{\max}}{I_{\mathrm{sp}} g_0} \tau \tag{5.18}$$

其中 ϵ_2 为同伦参数，$\boldsymbol{B}_1$ 和 $\boldsymbol{B}_2$ 的定义已在第 4 章给出，A_6 为 $\boldsymbol{A}$ 的第六个元素，$\boldsymbol{A}$ 的其余元素均为 0。将 $\epsilon_1 = 1$ 时问题 1（能量最优问题）的动力学方程替换为上述动力学方程，所构造的最优控制问题称为 "问题 2"。此处，$\epsilon_2 = 1$ 对应近似模型下的能量最优问题。问题 2 的哈密顿函数为

$$\mathcal{H}_2 = \frac{T_{\max}}{m} \boldsymbol{\lambda}_{\zeta}^{\mathrm{T}} \boldsymbol{B}_1 (\boldsymbol{\zeta}, L) \hat{\boldsymbol{\alpha}} + \lambda_L \left[A_6 (\boldsymbol{\zeta}, L) + (1 - \epsilon_2) \frac{T_{\max}}{m} \boldsymbol{B}_2 (\boldsymbol{\zeta}, L) \, \tau \hat{\boldsymbol{\alpha}} \right] -$$

$$\lambda_m \frac{T_{\max}}{I_{\mathrm{sp}} g_0} \tau + \lambda_0 \frac{T_{\max}}{I_{\mathrm{sp}} g_0} \tau^2$$

$$\tag{5.19}$$

此时，最优推力方向、最优推力大小的切换函数以及欧拉–拉格朗日方程均带有同伦参数 ϵ_2，详细推导过程在此省略。原动力学模型下的能量最优问题即可以通过从 1 到 0 逐步降低 ϵ_2 迭代求解，每次迭代均将之前收敛的协态初始值作为本次迭代的初值猜测。对于多圈轨迹优化问题，推力加速度远小于中心引力加速度，通常一步迭代（$\Delta \epsilon_2 = 1$）即可求解得到收敛结果。当迭代失败或推力加速度和中心引力加速度相差不大时，可尝试更小的迭代步长。

在 $\epsilon_2 = 1$ 时问题 2 的基础上，可以引入 Sundman 自变量变换，即以 $\mathrm{d} L = A_6 (\boldsymbol{\zeta}, L) \mathrm{d} t$ 代替对时间的微分，将该问题转换成以真经度为自

变量的最优控制问题。指标函数为

$$J = \lambda_0 \frac{T_{\max}}{I_{\mathrm{sp}} g_0} \int_{L_0}^{L_f} \frac{\tau^2}{A_6(\boldsymbol{\zeta}, L)} \mathrm{d}L \tag{5.20}$$

其中 L_0 和 L_f 均为固定值。动力学方程为

$$\boldsymbol{\zeta}' = \frac{T_{\max}}{m} \tilde{\boldsymbol{B}}_1(\boldsymbol{\zeta}, L) \tau \hat{\boldsymbol{\alpha}} \tag{5.21}$$

$$t' = \frac{1}{A_6(\boldsymbol{\zeta}, L)} \tag{5.22}$$

$$m' = -\frac{T_{\max}}{I_{\mathrm{sp}} g_0 A_6(\boldsymbol{\zeta}, L)} \tau \tag{5.23}$$

其中 $\tilde{\boldsymbol{B}}_1 = \boldsymbol{B}_1 / A_6$。边界条件式 (5.4) 和式 (5.5) 分别转换为

$$\boldsymbol{\zeta}(L_0) = \boldsymbol{\zeta}_0, \quad t(L_0) = t_0, \quad m(L_0) = m_0 \tag{5.24}$$

$$\boldsymbol{\zeta}(L_f) = \boldsymbol{\zeta}_f, \quad t(L_f) = t_f \tag{5.25}$$

类似地，可以建立此问题的哈密顿函数：

$$\mathcal{H}_{2L} = \left[\frac{T_{\max}}{m} \boldsymbol{\lambda}_\zeta^{\mathrm{T}} \boldsymbol{B}_1(\boldsymbol{\zeta}, L) \tau \hat{\boldsymbol{\alpha}} + \lambda_t - \lambda_m \frac{T_{\max}}{I_{\mathrm{sp}} g_0} \tau + \lambda_0 \frac{T_{\max}}{I_{\mathrm{sp}} g_0} \tau^2 \right] \frac{1}{A_6(\boldsymbol{\zeta}, L)} \tag{5.26}$$

最优推力方向与式 (4.44) 相同，最优推力大小与式 (5.10) 相同，切换函数的形式变为

$$\rho_{2L} = 1 - \frac{I_{\mathrm{sp}} g_0 \left\| \boldsymbol{B}_1^{\mathrm{T}}(\boldsymbol{\zeta}, L) \boldsymbol{\lambda}_\zeta \right\|}{m \lambda_0} - \frac{\lambda_m}{\lambda_0} \tag{5.27}$$

欧拉–拉格朗日方程也可以类比第 4 章推导得出，在此省略。在 Sundman 自变量变换前后，两个问题的自变量分别为时间和真经度，它们是同一能量最优控制问题的不同自变量描述，应具有相同的最优解。两个问题的初值猜测可以通过如下关系式互相转换：

$$\lambda_L = -\mathcal{H}_{2L}(\boldsymbol{\lambda}_\zeta, \lambda_t, \lambda_m, \lambda_0) \tag{5.28}$$

而其余协态变量的对应项相等，这一映射关系和第 4 章中问题 A 与问题 B 之间的转换关系相同。虽然本节所介绍的以时间和真经度为自变量的最优控制问题的指标与第 4 章所介绍的有所不同，但是可以类似证明 Sundman 变换前后的协态变量满足上述映射关系。由于哈密顿函数不显含时间 t，因此时间为循环变量，时间协态为一待定常数，当末端时间自由时，时间协态为零。该问题的打靶方程为

$$\boldsymbol{\phi}_{2L}\left(\boldsymbol{z}\right) = \begin{bmatrix} \boldsymbol{\zeta}\left(L_f\right) - \boldsymbol{\zeta}_f \\ t\left(L_f\right) - t_f \\ \lambda_m\left(L_f\right) \\ \left\|\boldsymbol{\lambda}_\zeta\left(L_0\right)\right\|^2 + \lambda_m^2\left(L_0\right) + \mathcal{H}_{2L}^2\left(L_0\right) + \lambda_0^2 - 1 \end{bmatrix} = \boldsymbol{0} \quad (5.29)$$

式中打靶变量为 $\boldsymbol{z} = \left[\boldsymbol{\lambda}_\zeta^{\mathrm{T}}\left(L_0\right), \lambda_t, \lambda_m\left(L_0\right), \lambda_0\right]^{\mathrm{T}}$。此时，打靶方程和打靶变量的个数仍为 8，打靶求解的维度并未发生改变。

5.3.2　交会时间约束处理

在近似模型下以真经度为自变量的能量最优控制问题中，时间协态为一常数，需要根据末端时间约束确定。在多圈交会问题中，末端时间的约束会显著影响最优轨迹的圈数和形状，进而影响打靶的收敛速度。本节将通过末端时间约束的同伦，尝试构造末端时间自由的能量最优问题，由于此时真经度仍受约束，所以末端时间不会趋向无穷大。将末端边界条件式 (5.25) 修改为

$$\boldsymbol{\zeta}\left(L_f\right) = \boldsymbol{\zeta}_f, \quad t\left(L_f\right) = t_f + \epsilon_3\left(T_f - t_f\right) \quad (5.30)$$

其中 ϵ_3 为同伦参数，T_f 为末端时间自由问题的解，该问题称为"问题 3"。当 $\epsilon_3 = 0$ 时，问题 3 的解通过协态映射关系即可转换为 $\epsilon_2 = 1$ 时问题 2 的解。当 $\epsilon_3 = 1$ 时，末端时间约束为 $t\left(L_f\right) = T_f$，此时末端时间协态值恰好为零，符合末端时间自由问题的打靶函数，即 T_f 为末端时间自由问题求解收敛之后时间的动力学方程沿最优解的积分。问题 3 的打靶

方程为

$$\boldsymbol{\phi}_3\left(\boldsymbol{z}\right) = \begin{bmatrix} \boldsymbol{\zeta}\left(L_f\right) - \boldsymbol{\zeta}_f \\ t\left(L_f\right) - t_f - \epsilon_3\left(T_f - t_f\right) \\ \lambda_m\left(L_f\right) \\ \left\|\boldsymbol{\lambda}_\zeta\left(L_0\right)\right\|^2 + \lambda_m^2\left(L_0\right) + \mathcal{H}_3^2\left(L_0\right) + \lambda_0^2 - 1 \end{bmatrix} = \boldsymbol{0} \qquad (5.31)$$

打靶变量仍为 $\boldsymbol{z} = \left[\boldsymbol{\lambda}_\zeta^{\mathrm{T}}\left(L_0\right), \lambda_t, \lambda_m\left(L_0\right), \lambda_0\right]^{\mathrm{T}}$。

当求解末端时间自由问题时，可将时间协态置为零，无须考虑时间的动力学方程与边界条件，整个问题与时间无关，即动力学方程、打靶函数均可以减少一维。在此基础上，满足时间约束的问题可以通过同伦参数 ϵ_3 迭代求解，随后经过映射关系式 (5.28)、ϵ_2 的同伦和 ϵ_1 的同伦即可求解原燃料最优问题。

5.3.3 解析协态初值

针对末端时间自由问题，本节考虑将其嵌入混合系统，以实现基于解析协态初值的同伦求解。基本思路和上文介绍相同，耦合系统设计为具有能量指标的线性最优控制问题，但标称轨道选取与动力学方程稍有不同。混合系统的指标取为

$$J = \lambda_0 \frac{T_{\max}}{I_{\mathrm{sp}}\, g_0} \left[\int_{L_0}^{L_s} \frac{\tau^2}{A_6\left(\boldsymbol{\zeta},\, L\right)}\,\mathrm{d}L + \int_{L_s}^{L_f} \frac{\tau^2}{A_6\left(\boldsymbol{\zeta}_{\mathrm{n}},\, L\right)}\,\mathrm{d}L\right] \qquad (5.32)$$

式中 $\boldsymbol{\zeta}_{\mathrm{n}}$ 为标称轨道，$L_s = L_f - \epsilon_4\left(L_f - L_0\right)$ 为两个子系统之间切换点的真经度，ϵ_4 为同伦参数。系统的动力学方程为

$$\boldsymbol{\zeta}' = \begin{cases} \dfrac{T_{\max}}{m}\, \tilde{\boldsymbol{B}}_1\left(\boldsymbol{\zeta},\, L\right) \tau \hat{\boldsymbol{\alpha}}, & \text{若} \quad L < L_s \\[3mm] \dfrac{T_{\max}}{m}\, \tilde{\boldsymbol{B}}_1\left(\boldsymbol{\zeta}_{\mathrm{n}},\, L\right) \tau \hat{\boldsymbol{\alpha}}, & \text{若} \quad L \geqslant L_s \end{cases} \qquad (5.33)$$

$$m' = \begin{cases} -\dfrac{T_{\max}}{I_{\mathrm{sp}}\, g_0\, A_6\left(\boldsymbol{\zeta},\, L\right)}\, \tau, & \text{若} \quad L < L_s \\[3mm] 0, & \text{若} \quad L \geqslant L_s \end{cases} \qquad (5.34)$$

混合系统在 $[L_0, L_s)$ 弧段为非线性动力学方程，在 $[L_s, L_f]$ 弧段为标称
轨道附近线性化的动力学方程，其中质量为常数，推力无约束。系统的边
界条件为

$$\boldsymbol{\zeta}(L_0) = \boldsymbol{\zeta}_0, \quad m(L_0) = m_0 \tag{5.35}$$

$$\boldsymbol{\zeta}(L_f) = \boldsymbol{\zeta}_f \tag{5.36}$$

在本章中标称轨道取为切换点处的轨道状态，即 $\boldsymbol{\zeta}_{\mathrm{n}} = \boldsymbol{\zeta}_s$。根据混合系统
最优控制，此问题的哈密顿函数为

$$\mathcal{H}_4 = \begin{cases} \left[\dfrac{T_{\max}}{m} \boldsymbol{\lambda}_{\zeta}^{\mathrm{T}} \boldsymbol{B}_1(\boldsymbol{\zeta}, L) \tau \hat{\boldsymbol{\alpha}} + \dfrac{T_{\max}}{I_{\mathrm{sp}} g_0} \left(\lambda_0 \tau^2 - \lambda_m \tau \right) \right] \dfrac{1}{A_6(\boldsymbol{\zeta}, L)}, \\ \quad \text{若} \quad L < L_s \\[4mm] \left[\dfrac{T_{\max}}{m} \boldsymbol{\lambda}_{\zeta}^{\mathrm{T}} \boldsymbol{B}_1(\boldsymbol{\zeta}_{\mathrm{n}}, L) \tau \hat{\boldsymbol{\alpha}} + \lambda_0 \dfrac{T_{\max}}{I_{\mathrm{sp}} g_0} \tau^2 \right] \dfrac{1}{A_6(\boldsymbol{\zeta}_{\mathrm{n}}, L)}, \\ \quad \text{若} \quad L \geqslant L_s \end{cases} \tag{5.37}$$

为最小化哈密顿函数，两个子系统的最优控制为

$$\hat{\boldsymbol{\alpha}}^{\star} = -\dfrac{\boldsymbol{B}_1^{\mathrm{T}} \boldsymbol{\lambda}_{\zeta}}{\|\boldsymbol{B}_1^{\mathrm{T}} \boldsymbol{\lambda}_{\zeta}\|}, \quad \tau^{\star} = \begin{cases} 0, & \text{若} \quad L < L_s, \rho_4 > 1 \\[2mm] \dfrac{1}{2} - \dfrac{\rho_4}{2}, & \text{若} \quad L < L_s, |\rho_4| \leqslant 1 \\[2mm] 1, & \text{若} \quad L < L_s, \rho_4 < -1 \\[2mm] \dfrac{I_{\mathrm{sp}} g_0}{2 m \lambda_0} \|\boldsymbol{B}_1^{\mathrm{T}} \boldsymbol{\lambda}_{\zeta}\|, & \text{若} \quad L \geqslant L_s \end{cases} \tag{5.38}$$

式中当 $L < L_s$ 时，$\boldsymbol{B}_1$ 取 $\boldsymbol{B}_1(\boldsymbol{\zeta}, L)$，反之则取 $\boldsymbol{B}_1(\boldsymbol{\zeta}_{\mathrm{n}}, L)$；$\rho_4$ 为切换函
数，表达式与式 (5.27) 相同。两个子系统的欧拉–拉格朗日方程可以参考
前文推导如下：

$$\lambda'_{\zeta, i} = \begin{cases} -\lambda_{\zeta, j} \dfrac{T_{\max} \tau}{m A_6} \dfrac{\partial B_{1, jk}}{\partial \zeta_i} \hat{\alpha}_k + \mathcal{H}_4 \dfrac{\partial A_6}{A_6 \, \partial \zeta_i}, & \text{若} \quad L < L_s \\[4mm] 0, & \text{若} \quad L \geqslant L_s \end{cases} \tag{5.39}$$

$$
\lambda'_m = \begin{cases} -\dfrac{T_{\max}\,\tau\,\left\|\boldsymbol{B}_1^{\mathrm{T}}\left(\boldsymbol{\zeta},\,L\right)\boldsymbol{\lambda}_\zeta\right\|}{m^2\,A_6\left(\boldsymbol{\zeta},\,L\right)}, & \text{若} \quad L < L_s \\[12pt] 0, & \text{若} \quad L \geqslant L_s \end{cases} \tag{5.40}
$$

在给出协态变量初始值 $\left[\boldsymbol{\lambda}_\zeta\left(L_0\right),\,\lambda_m\left(L_0\right),\,\lambda_0\right]^{\mathrm{T}}$ 后，可以沿最优解积分动力学方程和欧拉–拉格朗日方程。根据末端条件，打靶函数包括末端轨道慢变量相等、质量协态为零和归一化条件，即式 (5.31) 去除时间约束之后的形式。

当 $\epsilon_4 = 1$ 时，混合系统为线性子系统，将最优控制式 (5.38) 代入线性动力学方程积分可得

$$
\boldsymbol{\zeta}_f = \boldsymbol{\zeta}_0 - \left(\frac{T_{\max}\,I_{\mathrm{sp}}\,g_0}{2\,m^2\,\lambda_0}\int_{L_0}^{L_f}\tilde{\boldsymbol{B}}_1\,\boldsymbol{B}_1^{\mathrm{T}}\,\mathrm{d}\,L\right)\boldsymbol{\lambda}_\zeta \tag{5.41}
$$

进一步整理可得 $\epsilon_4 = 1$ 时系统的解析协态初始值为

$$
\boldsymbol{\lambda}_\zeta = -\frac{2\,m^2\,\lambda_0}{T_{\max}\,I_{\mathrm{sp}}\,g_0}\left(\int_{L_0}^{L_f}\tilde{\boldsymbol{B}}_1\,\boldsymbol{B}_1^{\mathrm{T}}\,\mathrm{d}\,L\right)^{-1}\left(\boldsymbol{\zeta}_f - \boldsymbol{\zeta}_0\right) \tag{5.42}
$$

此外，系统的质量协态仍设为 $\lambda_m = 0$。至此，我们给出了问题 4（即混合系统）的性能指标、动力学方程和边界条件，并推导了相应的哈密顿函数、最优控制、欧拉–拉格朗日方程和横截条件，建立了两点边值问题并给出了相应的打靶函数。当混合系统为线性子系统时，可以得到解析协态初值，从而初始化混合系统同伦延拓方法。进一步即可求解末端时间自由的非线性问题、近似模型下以真经度（或时间）为自变量的能量最优问题以及原动力学模型下能量最优问题，最终得到燃料最优问题的解。

5.3.4 算法实现

在多次同伦迭代求解过程中，仍使用协态归一化方法提高收敛性，即要求协态乘子满足

$$
\left\|\boldsymbol{\lambda}_\zeta\right\|^2 + \lambda_m^2 + \mathcal{H}^2 + \lambda_0^2 = 1 \tag{5.43}
$$

当经过协态变化关系式 (5.28) 后，协态乘子满足

$$\|\boldsymbol{\lambda}_x\|^2 + \lambda_m^2 + \lambda_0^2 = 1 \tag{5.44}$$

协态变量的归一化方法限制了初值猜测的范围，使各个协态以及哈密顿函数等比例地放大或缩小，以使得它们满足归一化条件。该方法的优势之一是更便于结合随机猜测方法，易于确定猜测的上下界或区间；另一个优势在于调整了打靶求解中打靶量的变化范围，这一调整是在增加一维打靶量和打靶函数的条件下实现的，对算法收敛性和计算效率的影响难以评判。在具体打靶求解时，对特定的问题、打靶算法及其参数设置，可以给出随机猜测初值中能够收敛的协态初始值分布，但是无明显的规律，无法判断哪些猜测值距离真值更 "近"（哪些协态猜测值分布更容易得到收敛的结果，而另一些区域的猜测值却无法收敛）。从另一个角度来讲，打靶法收敛与否和打靶算法、参数设置以及问题的描述均有关，本书仅讨论了使用 Minpack-1[191] 算法，参数 "factor" 设置为 0.01 或 1.0 情形下的仿真。另外，本书所给出的打靶函数中各项均有明确意义，但未探讨每一项的变换或各项之间的组合所带来的影响，这些问题仍有待后续研究进一步讨论。

当求解燃料最优问题时，最优推力大小为砰砰控制，为提高数值积分精度，可以采用变步长积分器或带切换点检测的定步长积分器。定步长积分器仿真效率较高，本节简单介绍切换点检测的原理，并给出在春分点轨道根数下的构造形式。设在定步长积分的每一个步长区间 $[t_k, t_{k+1}]$ 内，切换函数可以泰勒展开为

$$\rho(t) = \rho_k + \dot{\rho}_k (t - t_k) + \frac{1}{2}\ddot{\rho}_k (t - t_k)^2 + o\left[(t - t_k)^2\right] \tag{5.45}$$

其中 $o\left[(t - t_k)^2\right]$ 为高阶小量。根据切换函数的表达式，可以解析推导它对时间的各阶全导数公式，即可根据 t_k 时刻的结果预测切换函数在区间 $[t_k, t_{k+1}]$ 内的变化规律。当检测到切换函数在区间内经过切换点时，解析求解切换点，并将区间分为数个部分，按照各个部分的最优控制规律进行积分。文献 [17] 给出了采用位置速度描述和二阶近似时各个区间的划分规律。在本节采用一阶近似，切换函数对时间的一阶全导数为

$$\dot{\rho} = -\frac{I_{\mathrm{sp}}\, g_0 \left(\boldsymbol{\lambda}_x^{\mathrm{T}} \dot{\boldsymbol{B}} + \dot{\boldsymbol{\lambda}}_x^{\mathrm{T}} \boldsymbol{B}\right) \boldsymbol{B}^{\mathrm{T}} \boldsymbol{\lambda}_x}{m \left\|\boldsymbol{B}^{\mathrm{T}} \boldsymbol{\lambda}\right\|} \tag{5.46}$$

当同伦参数取 $\epsilon_1 = \epsilon$ 时，若 $\rho_k < -\epsilon$，$\rho_{k+1} > \epsilon$ 时积分区间分为 $[t_k, -(\epsilon + \rho_k)/\dot{\rho}_k]$、$(-(\epsilon + \rho_k)/\dot{\rho}_k, (\epsilon - \rho_k)/\dot{\rho}_k)$ 和 $[(\epsilon - \rho_k)/\dot{\rho}_k, t_{k+1}]$；$|\rho_{k+1}| \leqslant \epsilon$ 时积分区间分为 $[t_k, -(\epsilon + \rho_k)/\dot{\rho}_k]$ 和 $(-(\epsilon + \rho_k)/\dot{\rho}_k, t_{k+1}]$；$\rho_{k+1} < -\epsilon$ 时无须划分子区间。另外两类分别为 $|\rho_k| \leqslant \epsilon$ 和 $\rho_k > \epsilon$ 情况，可以类似地讨论得出具体的区间划分，在此不再一一给出。当对计算效率要求不高时，采用变步长积分器可以自动调整步长，以较高的精度积分砰砰控制下的常微分方程组，易于程序实现。

根据上述各个简化的最优控制问题，燃料最优问题可以通过多次同伦迭代逐步求解，算法流程如图 5.2 所示。图中各个问题的定义已在前文给出，其中问题 2 的求解算法与问题 3 和问题 4 的求解算法类似，因此未给出具体的流程，映射关系为 Sundman 自变量变换对应的协态变换。四个问题的同伦步长依次设置为 $\Delta \epsilon_1 = 0.1$ 和 $\Delta \epsilon_2 = \Delta \epsilon_3 = \Delta \epsilon_4 = 1$。求解步骤与问题简化的顺序相反：① 步骤 1 首先确定解析协态初值 $[\boldsymbol{\lambda}_\zeta^{\mathrm{T}}, \lambda_m, \lambda_0]^{\mathrm{T}}$。② 步骤 2 为问题 4 的迭代求解，逐步降低 ϵ_4，以上一步收敛的结果为初值打靶求解当前 ϵ_4 对应的两点边值问题，若求解失败，则减小步长重新迭代，直至 $\epsilon_4 = 0$ 对应的问题求解成功。积分最优解得到末端时间 T_f，并将时间协态设置为 $\lambda_t = 0$。③ 步骤 3 为问题 3 的迭代求解，当 $\epsilon_3 = 0$ 对应的问题求解成功后，代入映射关系式求解 λ_L。类似地可以求解问题 2。④ 步骤 4 为问题 1 的求解，$\epsilon_1 = 0$ 对应的解即为燃料最优解。

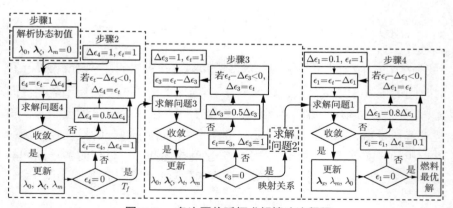

图 5.2　多次同伦延拓求解算法流程图

5.4　算例与分析

本节算例的仿真算法和环境设置均与第 4 章相同。为验证多次同伦求解算法的有效性和计算效率，本节研究了不同最大推力情况下不同圈数的 GTO 至 GEO 燃料最优问题的求解。考虑航天器初始时位于倾角 $i_0 = 27°$ 的 GTO，末端时刻位于 GEO，具体位置速度均已知。航天器初始质量为 $m_0 = 2000.0\,\mathrm{kg}$，连续推力发动机的比冲为 $I_{\mathrm{sp}} = 3000.0\,\mathrm{s}$，相关参数如表 5.1 所示。仿真中采用归一化单位，长度单位为地球半径 $\mathrm{LU} = R_\mathrm{e} = 6378.137\,\mathrm{km}$；时间单位为地球半径处圆轨道周期的 $1\,/\,(2\pi)$，即 $\mathrm{TU} = 806.811\,\mathrm{s}$；质量单位为航天器的初始质量 $\mathrm{MU} = 2000.0\,\mathrm{kg}$，此时地球的引力常数为 $\mu = 1$。

表 5.1　GTO 至 GEO 交会问题参数设置

参数	值	单位
初始位置	$[1.1530, -6.5070, -0.0616]$	LU
初始速度	$[0.1750, 0.0433, -0.0915]$	LU/TU
末端位置	$[0.8321, -6.5581, 0.0]$	LU
末端速度	$[0.3858, 0.0490, 0.0]$	LU/TU
I_{sp}	3000.0	s
m_0	2000.0	kg

首先对比本章方法和传统能量至燃料最优同伦延拓方法[44,98] 的收敛率和计算效率，传统方法中能量最优问题的求解采用随机猜测协态初值[17] 进行初始化。两种方法均使用了协态归一化和切换点检测技术[17]。仿真结果如表 5.2 所示，因为两种方法的能量至燃料最优同伦部分相同，所以仅给出了求解能量最优问题的对比。当选取不同的最大推力时，表中给出了可行的交会轨迹圈数和飞行时间，最优圈数仍需进一步搜索确定。对于较为简单的算例（$N_{\mathrm{rev}} = 119$, $T_{\max} = 0.97\,\mathrm{N}$, $t_f = 79.6257\,\mathrm{d}$），本章方法可以实现 100% 的收敛率，而随机猜测方法的收敛率仅为 18/1000。随着圈数的增多，本章方法仍可以保持高收敛率，而随机猜测方法的收敛率快速降低。当圈数多于 320 圈时，随机猜测方法迭代 1000 次未得到收敛解。可以看出，本章方法收敛率更高，可以求解数百圈的能量最优轨

迹。此外，本章方法的计算时间更短，两种方法求解 $N_{rev} = 119$ 算例的时间分别为 $8.817\,s$ 和 $377.814\,s$。随着圈数的增多，本章方法的计算耗时基本为线性增长，积分耗时更长但迭代次数不会显著增加，而随机猜测方法的计算耗时显著增加。在求解 $N_{rev} = 250$ 算例时，本章方法仅耗时 $26.998\,s$，而随机猜测方法则需要约 $2\,h$ 才能获得单个收敛解。因此，本章方法在计算效率方面具有优越性。通常而言，以能量最优问题的解为初值，均可以成功同伦求解燃料最优问题，所以不再分析燃料最优问题的求解收敛率和计算时间。

表 5.2　能量最优控制问题的求解收敛率与效率对比

N_{rev}	T_{max}/N	飞行时间/d	收敛率		计算耗时/s	
			本章方法	随机猜测[17]	本章方法	随机猜测[17]
119	0.97	79.6257	1/1	18/1000	8.817	377.814
180	0.7	120.0	1/1	12/1000	18.049	620.008
250	0.5	190.0	1/1	1/1000	26.998	7112.63
320	0.4	255.0	1/1	0/1000	31.794	—
450	0.3	340.0	1/1	—	58.232	—

针对特定的算例（$N_{rev} = 250$，$T_{max} = 0.5\,N$，$t_f = 190.0\,d$），我们可以详细给出各个步骤算法的求解结果，其中各个问题的收敛解（协态初始值）如表 5.3 所示，各个协态变量均为除以相应的归一化乘子后的数值（即可认为此时 $\lambda_0 = 1$ 且不满足归一化条件）。步骤 3 同时给出了近似模型和原模型下能量最优问题的本章方法求解结果（分别对应问题 2（$\epsilon_2 = 1$）和问题 1（$\epsilon_1 = 1$））、能量最优问题的随机猜测初值求解结果，两个能量最优问题所采用的初值求解方法不同，但打靶函数与最终结果均相同。

在步骤 1 中，线性化问题 4（$\epsilon_4 = 1$）的协态初始值根据式 (5.42) 解析求解，质量协态为零。步骤 2 为混合系统同伦求解，最终结果为非线性末端时间自由的能量最优问题（问题 4（$\epsilon_4 = 0$）和问题 3（$\epsilon_3 = 1$））的解，其质量协态初始值为 $\lambda_m = 0.0934$ 而时间协态为零，末端时间积分为 $T_f = 214.84\,d$。在步骤 3 中，经过对问题 3 的同伦求解，问题 3（$\epsilon_3 = 0$）的解即为近似模型下以真经度为自变量的能量最优问题，其时间协态初始

值为 $\lambda_t = 1.30 \times 10^{-6}$。根据协态映射关系式 (5.28)，真经度协态初始值为 $\lambda_L = 5.79 \times 10^{-5}$。由于推力加速度远小于中心天体引力加速度，因此近似模型下能量最优问题（问题 2（$\epsilon_2 = 1$））和原模型下能量最优问题（问题 2（$\epsilon_2 = 0$）和问题 1（$\epsilon_1 = 1$））十分接近，同伦前后的协态初始值变化较小。最后，经过对问题 1 的同伦求解，燃料最优解即为 $\boldsymbol{\lambda} = [\boldsymbol{\lambda}_x^{\mathrm{T}}, \lambda_m]^{\mathrm{T}} = [-0.0348, 0.0243, -0.1529, -0.0134, 0.0855, 6.15 \times 10^{-5}, 0.0798]^{\mathrm{T}}$。

表 5.3　　各个步骤中不同问题的协态初始值

步骤	问题	$\boldsymbol{\lambda}_\zeta^{\mathrm{T}}$	$\lambda_L/10^{-5}$	$\lambda_t/10^{-6}$	λ_m
步骤 1	问题 4（$\epsilon_4 = 1$）	$[-0.0278, -0.0219, 0.1381,$ $-0.0187, 0.1184]$			0.0
步骤 2	问题 3（$\epsilon_3 = 1$）	$[-0.0510, 0.0396, -0.2495,$ $-0.0125, 0.0791]$		0.0	0.0934
步骤 3	问题 2（$\epsilon_2 = 1$）	$[-0.0387, 0.0277, -0.1749,$ $-0.0154, 0.0978]$	5.79	1.30	0.0958
	问题 1（$\epsilon_1 = 1$）	$[-0.0387, 0.0277, -0.1749,$ $-0.0155, 0.0978]$	5.79		0.0958
	随机猜测初值	$[-0.0387, 0.0277, -0.1749,$ $-0.0155, 0.0978]$	5.79		0.0958
步骤 4	问题 1（$\epsilon_1 = 0$）	$[-0.0348, 0.0243, -0.1529,$ $-0.0134, 0.0855]$	6.15		0.0798

在问题 4 混合系统同伦迭代过程中，线性子系统的质量为常数，非线性子系统的燃料消耗由能量最优控制律决定。图 5.3 给出了随着 ϵ_4 的逐渐降低，航天器质量随真经度的变化曲线，$\epsilon_4 = 1$ 对应于质量为常数的线性解析解，$\epsilon_4 = 0$ 则对应于能量最优解，由于圈数较多且每一圈内存在开关机切换点，因此直观上难以看出开关机次数。

在步骤 3 中，通过对时间约束的同伦可以得到满足末端时间约束的非线性解。问题 4 和问题 3 均是以真经度为自变量的最优控制问题，图 5.4 给出了以真经度为自变量的线性解析解、非线性解和满足时间约束的非线性解的推力大小变化曲线，为清晰表示单圈内的变化规律，此图截取了 3 圈左右的结果。可以看出，线性解析解所需的推力较大，且最

大推力大于 $T_{\max} = 0.5\,\mathrm{N}$，这是线性系统忽略推力幅值约束的结果，而两个非线性解均满足推力幅值约束。在图示部分，两个非线性解十分接近，这是由于在算例中末端时间约束 $t_f = 190.0\,\mathrm{d}$ 和末端时间自由问题的解 $T_f = 214.84\,\mathrm{d}$ 较为接近。从另一个角度来讲，无时间约束的能量最优问题给出了近似模型下能量最优问题的局部最佳转移时间，即 $T_f = 214.84\,\mathrm{d}$ 结果的能量消耗小于 $t_f = 190.0\,\mathrm{d}$ 的能量消耗。因此，在任务设计时，可以利用无时间约束的能量最优问题初步选定末端时间约束，本章即采用了这一方案设计了表 5.2 中各个场景的飞行时间。此外，构建无时间约束的时间最优问题已在第 4 章中介绍，无时间约束的燃料最优问题也可以类似地采用混合系统同伦延拓方法求解。正如第 4 章所讨论的那样，时间自由且末端真经度固定的问题的局部解较少，适宜在此基础上讨论全局解的情况，在此不再赘述。但为满足交会条件，通常需要反复迭代求解，或采用本章给出的时间约束同伦的方法。

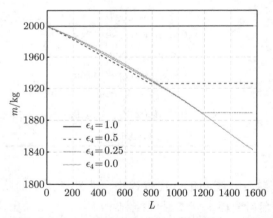

图 5.3　　问题 4 混合系统同伦过程中质量随真经度的变化曲线（前附彩图）

经过 Sundman 变换和协态映射后，近似模型下以真经度为自变量的解转化为以时间为自变量的解。为直观说明近似模型和原模型的接近程度，沿原模型能量最优解积分不同的动力学方程的差异，有

$$
\Delta_L = \frac{\displaystyle\int_{t_0}^{t_f} \left| \dot{L} - A_6 \right| \mathrm{d}\,t}{L_f - L_0} = 1.16 \times 10^{-5} \tag{5.47}
$$

当 $L_f - L_0 \approx 1600$ 时，采用近似模型所造成的真经度积分的最大差别约为 0.02，这是非常小的误差量。若推力加速度和中心引力加速度在同一量级（对应于行星际问题），轨道转移所需圈数较少，近似模型的误差较大，模型同伦的迭代步数将会增多。但圈数较少的问题求解相对容易，一般无须使用近似模型，求解原模型下的轨迹优化问题即可。

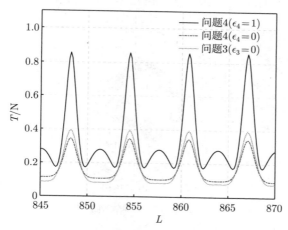

图 5.4　以真经度为自变量的各个问题中推力大小变化曲线

　　步骤 4 为能量最优至燃料最优问题的同伦迭代求解，所得燃料最优解的轨迹如图 5.5 所示。在转移开始阶段，推力主要用于增大轨道半长轴，发动机开机弧段较长；随后开机弧段集中于升降交点和近远地点附近，以改变轨道倾角和偏心率；最后调整合适的相位，实现燃料最优交会。最优解的燃料消耗为 $m_0 - m_f = 135.65\,\mathrm{kg}$，推力曲线及其在 STW 坐标系中的投影如图 5.6 所示。由于发动机开关机次数过多，在此给出了两段不同时间的推力曲线情况。可以看出，燃料最优控制为砰砰控制，在给出的数天结果中，发动机开关机次数多，控制规律复杂多变。

　　在本章的研究中，仅考虑了轨道圈数、交会时间和目标的末端状态已知的情况。当交会时间确定后，目标状态可以直接得到，但轨道圈数不同常导致不同的局部最优解，需要在本章方法的基础上遍历圈数求解提高最优性。当交会时间可以设计时，通常飞行时间越长，燃料最优结果的燃料消耗越少。另外，本章方法仅讨论了同伦延拓方法的多次应用，以得到容易求解的多圈轨迹优化问题，未研究同伦过程的理论基础、可行性和仿真效率等，这些问题均有待进一步研究。当同伦迭代步骤过多时，复杂迭代的求解效率可能不如直接猜测初值的方法。因此，本章研究的重点在于有效地利用多圈轨迹优化问题的典型特征（如推力加速度远小于地球引力加速度、以真经度为自变量的末端时间自由问题可以快速求解等），逐步建立合适的目标问题，而不是同伦延拓方法的直接应用。

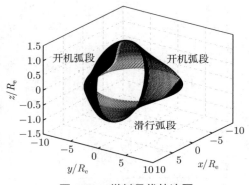

图 5.5　　燃料最优轨迹图

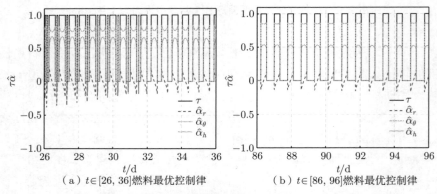

（a）$t \in [26, 36]$燃料最优控制律　　　　　（b）$t \in [86, 96]$燃料最优控制律

图 5.6　　不同时间区间内燃料最优控制律（前附彩图）

5.5　本章小结

本章提出了一种基于解析协态初值的多次同伦延拓方法，以求解燃料最优多圈轨迹优化问题。在传统方法中，燃料最优问题可以通过同伦

延拓方法和更容易求解的能量最优问题联系起来，提高初值猜测成功的概率。本章在此基础上，进一步讨论了模型同伦、Sundman 自变量变换、末端时间约束同伦和混合系统同伦延拓方法的应用，从而将能量最优问题和具有解析协态初值的线性系统联系起来，避免多次猜测，以提高间接法求解多圈轨迹优化问题的收敛率和计算效率。

　　针对不同推力幅值、飞行时间和轨道圈数下的 GTO 至 GEO 交会问题，本章分别给出了采用本章方法和随机猜测方法初始化的收敛率与计算效率。仿真对比表明，本章方法具有较高的收敛率，显著提高了间接法的计算效率，能够快速求解数百圈的轨迹优化问题。针对特定情形下的轨迹优化问题，算例表明各个同伦问题均较为接近，可以使协态初始值逐步逼近燃料最优解。

第 6 章　总结与展望

6.1　总　　结

本书针对连续推力轨迹优化问题，研究了间接法的协态变量初值估计、混合系统同伦延拓方法及其在时间和燃料最优多圈轨迹优化问题中的应用，提高了传统间接法的收敛率，提升了算法的适应性和计算效率，得到了以下结果。

1. 间接法协态变量初值估计的研究

本书建立了一种协态变量和标称轨道之间的映射关系，在标称轨道接近最优解的假设下，对所有一阶必要条件及哈密顿函数的性质进行了归纳，其中部分一阶必要条件和哈密顿函数为协态变量的线性函数，据此推导了线性映射方程。当映射方程具有唯一解时，利用最小二乘法给出了协态变量初值的解析估计。随着标称轨道接近最优解，该方法可以给出接近协态变量真实值的估计值，较好地克服了间接法初值猜测困难。针对行星际交会问题，仿真表明常见的几种形函数标称轨道设计方法均可以用来估计协态初值，成功求解了各测试场景的能量最优和时间最优问题。针对月球精确软着陆问题，仿真表明以传统解析线性控制律生成标称轨道即可快速求解燃料最优问题，给出了快速求解策略。

2. 间接法混合系统同伦延拓方法的研究

本书提出了带同伦参数的混合系统模型，设计了混合系统中子系统和耦合函数的形式，使传统同伦延拓方法中简单问题的构建更普适。讨论了新的耦合函数形式及其对应的混合系统一阶必要条件，给出了此种耦合形式下线性化问题的解析求解与非线性问题的数值求解方法。线性化问题中标称轨道的形式较为简单，协态初值可以解析求解，以解析协态为初值可以快速初始化同伦延拓过程，易于程序实现。通过求解多圈、大偏心率和大倾角的行星际燃料最优交会问题的算例仿真表明，相比传统能量到燃料最优同伦延拓方法和双曲正切平滑化方法，本书方法具有更高的初始化效率和收敛率，而同伦迭代步数基本保持不变。

3. 时间最优多圈轨迹的间接法优化研究

本书通过同伦延拓方法、Sundman 变换和边界条件的转换，构造了近似模型下三个等价的多圈轨迹优化问题（以时间为自变量的优化问题 A、以真经度为自变量的优化问题 B 和末端真经度固定的近似优化问题 C），给出了三个子问题之间的协态转换关系。问题 C 的最优解规律简单，避免了多局部解的问题，可以结合轨道平均化与混合系统同伦延拓方法快速求解，易于分析最优时间和末端真经度的关系以提高解的全局最优性；问题 A 和问题 B 与原高精度问题十分接近，方便求解原高精度模型下的最优解。以问题 C 的解析协态初始化求解为起点，通过逐步求解交会点、问题 B 和问题 A 以及原高精度问题，本书方法实现了时间最优多圈轨迹优化问题的快速初始化，提高了传统间接法的收敛率和计算效率，在保证局部最优性的同时兼顾了该问题多局部解的处理。仿真算例表明，该方法求解 160 圈 GTO 到 GEO 的问题 C 时，解析初始化计算耗时约为 0.02 ms，迭代求解计算耗时约 0.1 s，可以快速给出 t_f^*-L_f 曲线，并分析转移和交会问题的极值点。相比传统直接法和间接法，该方法显著提高了高精度模型下优化求解的计算效率和全局最优性。不同初始推力加速度情形下的算例测试表明，该方法适宜求解数百圈的时间最优交会问题。

4. 燃料最优多圈轨迹的间接法优化研究

本书提出了一种基于解析协态初值的多次同伦延拓方法，提高了间接法求解燃料最优多圈轨迹优化问题的计算效率。在燃料到能量最优问题同伦的基础上，本书进一步讨论了模型同伦、Sundman 自变量变换、末端时间约束同伦和混合系统同伦延拓方法的应用，将能量最优问题和具有解析协态初值的线性系统联系起来，避免协态初始化的困难。在不同推力幅值、飞行时间和轨道圈数条件下 GTO 到 GEO 能量最优轨道交会的仿真算例表明，该方法具有较高的收敛率，显著高于随机猜测方法，可以得到具有大量开关机的燃料最优解，提高了间接法的收敛率。

6.2　展　　望

随着连续推进系统的不断发展，连续推力轨迹优化问题的研究成果丰富，求解方法多种多样。本书发展了间接法的协态变量初值估计和混合系统同伦延拓求解方法，研究了间接法在求解时间和燃料最优多圈问题中的应用。无论是间接法轨迹优化理论，还是优化方法在复杂任务场景中的应用，都存在一些问题值得继续研究。

1. 协态变量的物理意义尚不明晰。连续推力轨迹的数值优化方法均需要初值猜测，而探寻协态变量的物理意义是解决间接法初值猜测困难的一条重要途径。近年来，间接法的初始化策略日益成熟，但仍局限于从数学表达上使协态变量和具有实际意义的物理量联系起来，尚未直接给出各协态变量所代表的物理意义。

2. 间接法对复杂问题的建模处理和打靶求解十分困难。相比于十分通用的直接法，间接法难以处理复杂约束（如软着陆问题中的滑翔角路径约束等），处理过程中不可避免地增加待定乘子，从而使打靶求解更加困难。在日益复杂的空间探测任务中应用间接法求解，有必要加强间接法的通用性。

3. 高精度模型下多圈轨迹优化的快速求解和估计。电推进技术在地球卫星中的应用逐渐增多，大量多圈轨迹的任务规划需要相应的优化方法具有更高的求解效率或更准的估计效果，以满足大量轨迹求解和系统参数优化的需求。

4. 高精度模型下多圈轨迹优化受推力误差的影响。在长时间、多圈次的连续推力转移过程中，发动机的开机时间久、开关机次数多、推力指向变化规律复杂，在实际应用中推力误差的累积不可忽略，需要考虑推力误差对当前确定性的轨迹优化方法的影响，发展相应的优化方法。

5. 连续推力作用下多次引力辅助多圈轨迹的优化求解。在未来木星系探测过程中，采用核电推进和多次木卫引力辅助均是减少燃料消耗的关键技术，在多圈连续推力轨迹中进行多次引力辅助的优化求解十分困难，需要进一步研究多次引力辅助序列的搜索算法和连续推力局部最优轨迹的求解算法。

参 考 文 献

[1] D'AMARIO L A, BRIGHT L E, WOLF A A. Galileo trajectory design[J]. Space Science Reviews, 1992, 60(1): 23-78.

[2] KHRABROV V A. Development and flight tests of the first electric propulsion system in space[C]//30th International Electric Propulsion Conference. Florence:[s.n.], 2007: 17-20.

[3] RAYMAN M D, VARGHESE P, LEHMAN D H, et al. Results from the deep space 1 technology validation mission[J]. Acta Astronautica, 2000, 47 (2-9): 475-487.

[4] RAYMAN M D, FRASCHETTI T C, RAYMOND C A, et al. Dawn: A mission in development for exploration of main belt asteroids Vesta and Ceres[J]. Acta Astronautica, 2006, 58(11): 605-616.

[5] BENKHOFF J, VAN CASTEREN J, HAYAKAWA H, et al. Bepicolombo— comprehensive exploration of Mercury: Mission overview and science goals [J]. Planetary and Space Science, 2010, 58(1-2): 2-20.

[6] KANTSIPER B. The double asteroid redirection test (DART) mission electric propulsion trade[C]//2017 IEEE Aerospace Conference. Big Sky, MT: IEEE, 2017: 1-7.

[7] YEO S H, OGAWA H, KAHNFELD D, et al. Miniaturization perspectives of electrostatic propulsion for small spacecraft platforms[J]. Progress in Aerospace Sciences, 2021, 126: 100742.

[8] BONIFACE C, CASTANET F, GIESEN G, et al. An overview of French electric propulsion activities at CNES[C]//36th International Electric Propulsion Conference. Vienna:[s.n.], 2019: 253.

[9] POOLE M, HO M. Boeing low-thrust geosynchronous transfer mission experience[C]//Proceedings of the 20th International Symposium on Space Flight Dynamics. Maryland:[s.n.], 2007: 1-6.

[10] 胡照, 王敏, 袁俊刚. 国外全电推进卫星平台的发展及启示[J]. 航天器环境工

程, 2015, 32(5): 566-570.

[11] MCDOWELL J C. The low earth orbit satellite population and impacts of the spacex starlink constellation[J]. The Astrophysical Journal Letters, 2020, 892(2): L36.

[12] LIU J, ZHAO P, WU C, et al. Siasail-i solar sail: From system design to on-orbit demonstration mission[J]. Acta Astronautica, 2022, 192: 133-142.

[13] FARQUHAR R W. The flight of ISEE-3/ICE: Origins, mission history, and a legacy[J]. The Journal of the astronautical sciences, 2001, 49(1): 23-73.

[14] LI S, HUANG X, YANG B. Review of optimization methodologies in global and China trajectory optimization competitions[J]. Progress in Aerospace Sciences, 2018, 102: 60-75.

[15] BRYSON A E, HO Y C. Applied optimal control: Optimization, estimation, and control[M]. New York: Taylor & Francis Group, 1975.

[16] CONWAY B A. A survey of methods available for the numerical optimization of continuous dynamic systems[J]. Journal of Optimization Theory and Applications, 2012, 152(2): 271-306.

[17] JIANG F, BAOYIN H, Li J. Practical techniques for low-thrust trajectory optimization with homotopic approach[J]. Journal of Guidance, Control, and Dynamics, 2012, 35(1): 245-258.

[18] PAN B, PAN X, LU P. Finding best solution in low-thrust trajectory optimization by two-phase homotopy[J]. Journal of Spacecraft and Rockets, 2019, 56(1): 283-291.

[19] GRAHAM K F, RAO A V. Minimum-time trajectory optimization of multiple revolution low-thrust earth-orbit transfers[J]. Journal of Spacecraft and Rockets, 2015, 52(3): 711-727.

[20] TAHERI E, KOLMANOVSKY I, ATKINS E. Enhanced smoothing technique for indirect optimization of minimum-fuel low-thrust trajectories[J]. Journal of Guidance, Control, and Dynamics, 2016, 39(11): 2500-2511.

[21] MENGALI G, QUARTA A A. Fuel-optimal, power-limited rendezvous with variable thruster efficiency[J]. Journal of Guidance, Control, and Dynamics, 2005, 28(6): 1194-1199.

[22] CHI Z, JIANG F, TANG G. Optimization of variable-specific-impulse gravity-assist trajectories via optimality-preserving transformation[J]. Aerospace Science and Technology, 2020, 101: 105828.

[23] CHI Z, YANG H, CHEN S, et al. Homotopy method for optimization of variable-specific-impulse low-thrust trajectories[J]. Astrophysics and Space

Science, 2017, 362(11): 1-13.

[24] TAHERI E, JUNKINS J L, KOLMANOVSKY I, et al. A novel approach for optimal trajectory design with multiple operation modes of propulsion system, part 1[J]. Acta Astronautica, 2020, 172: 151-165.

[25] ZENG X, ALFRIEND K T, VADALI S R. Solar sail planar multireversal periodic orbits[J]. Journal of Guidance, Control, and Dynamics, 2014, 37 (2): 674-681.

[26] SONG Y, GONG S. Solar-sail trajectory design for multiple near-earth asteroid exploration based on deep neural networks[J]. Aerospace Science and Technology, 2019, 91: 28-40.

[27] MACDONALD M, MCINNES C R. Analytical control laws for planet-centered solar sailing[J]. Journal of Guidance, Control, and Dynamics, 2005, 28(5): 1038-1048.

[28] CIRCI C. Mars and Mercury missions using solar sails and solar electric propulsion[J]. Journal of Guidance, Control, and Dynamics, 2004, 27(3): 496-498.

[29] JIANG F, TANG G. Systematic low-thrust trajectory optimization for a multi-rendezvous mission using adjoint scaling[J]. Astrophysics and Space Science, 2016, 361(4): 1-11.

[30] AZIZ J D. Low-thrust many-revolution trajectory optimization[D]. Boulder: University of Colorado at Boulder, 2018.

[31] WU D, WANG W, JIANG F, et al. Minimum-time low-thrust many-revolution geocentric trajectories with analytical costates initialization[J]. Aerospace Science and Technology, 2021, 119: 107146.

[32] WU D, CHENG L, LI J. Warm-start multihomotopic optimization for low-thrust many-revolution trajectories[J]. IEEE Transactions on Aerospace and Electronic Systems, 2020, 56(6): 4478-4490.

[33] YANG H, LI S, BAI X. Fast homotopy method for asteroid landing trajectory optimization using approximate initial costates[J]. Journal of Guidance, Control, and Dynamics, 2018, 42(3): 585-597.

[34] WANG W, WU D, MENGALI G, et al. Asteroid hovering missions from a fuel-consumption viewpoint[J]. Journal of Guidance, Control, and Dynamics, 2020, 43(7): 1374-1382.

[35] CHENG L, WANG Z, SONG Y, et al. Real-time optimal control for irregular asteroid landings using deep neural networks[J]. Acta Astronautica, 2020, 170: 66-79.

[36]   ZHANG C, TOPPUTO F, BERNELLI-ZAZZERA F, et al. Low-thrust minimum-fuel optimization in the circular restricted three-body problem[J]. Journal of Guidance, Control, and Dynamics, 2015, 38(8): 1501-1510.

[37]   TAHERI E, ABDELKHALIK O. Fast initial trajectory design for low-thrust restricted-three-body problems[J]. Journal of Guidance, Control, and Dynamics, 2015, 38(11): 2146-2160.

[38]   RUSSELL R P. Primer vector theory applied to global low-thrust trade studies[J]. Journal of Guidance, Control, and Dynamics, 2007, 30(2): 460-472.

[39]   PONTRYAGIN L S, BOLTIANSKI V G. Mathematical theory of optimal processes[M]. New York: John Wiley & Sons, 1962.

[40]   MALL K, GRANT M J, TAHERI E. Uniform trigonometrization method for optimal control problems with control and state constraints[J]. Journal of Spacecraft and Rockets, 2020, 57(5): 995-1007.

[41]   BETTS J T. Survey of numerical methods for trajectory optimization[J]. Journal of Guidance, Control, and Dynamics, 1998, 21(2): 193-207.

[42]   XIN M, PAN H. Indirect robust control of spacecraft via optimal control solution[J]. IEEE Transactions on Aerospace and Electronic Systems, 2012, 48(2): 1798-1809.

[43]   YUE X, YANG Y, GENG Z. Indirect optimization for finite-thrust time-optimal orbital maneuver[J]. Journal of Guidance, Control, and Dynamics, 2010, 33(2): 628-634.

[44]   YANG H, BAOYIN H. Fuel-optimal control for soft landing on an irregular asteroid[J]. IEEE Transactions on Aerospace and Electronic Systems, 2015, 51(3): 1688-1697.

[45]   ZHAO S, GURFIL P, ZHANG J. Initial costates for low-thrust minimum-time station change of geostationary satellites[J]. Journal of Guidance, Control, and Dynamics, 2016, 39(12): 2746-2756.

[46]   ZUIANI F, VASILE M, PALMAS A, et al. Direct transcription of low-thrust trajectories with finite trajectory elements[J]. Acta Astronautica, 2012, 72: 108-120.

[47]   TOPPUTO F, ZHANG C. Survey of direct transcription for low-thrust space trajectory optimization with applications[J]. Abstract and Applied Analysis, 2014: 1-15.

[48]   GAO Y. Direct optimization of low-thrust many-revolution earth-orbit transfers[J]. Chinese Journal of Aeronautics, 2009, 22(4): 426-433.

[49]   KLUEVER C A. Low-thrust trajectory optimization using orbital averaging and control parameterization[M]. Cambridge: Cambridge University Press, 2010.

[50]   GAO Y. Near-optimal very low-thrust earth-orbit transfers and guidance schemes[J]. Journal of Guidance, Control, and Dynamics, 2007, 30(2): 529-539.

[51]   CAPUTO M R. Dynamic programming and the Hamilton-Jacobi-Bellman equation[M]. Cambridge: Cambridge University Press, 2005.

[52]   GILL P E, MURRAY W, SAUNDERS M A. SNOPT: An SQP algorithm for large-scale constrained optimization[J]. SIAM review, 2005, 47(1): 99-131.

[53]   GILL P E, MURRAY W, SAUNDERS M A, et al. User's guide for NPSOL (version 4.0): A fortran package for nonlinear programming: TR SOL 86-2 [R]. Stanford, CA: Dept. of Operations Research, Stanford Univ., 1986.

[54]   KAWAJIR Y, LAIRD C, WACHTER A. Introduction to IPOPT: A tutorial for downloading, installing, and using IPOPT[R]. Pittsburgh: Carnegie Mellon University, 2006: 1-68.

[55]   MORANTE D, SANJURJO RIVO M, SOLER M. A survey on low-thrust trajectory optimization approaches[J]. Aerospace, 2021, 8(3): 88.

[56]   PATYERSON M A, RAO A V. GPOPS-II: A MATLAB software for solving multiple-phase optimal control problems using hp-adaptive gaussian quadrature collocation methods and sparse nonlinear programming[J]. ACM Transactions on Mathematical Software, 2014, 41(1): 1-37.

[57]   MCCONAGHY T T, DEBBAN T J, PETROPOULOS A E, et al. Design and optimization of low-thrust trajectories with gravity assists[J]. Journal of Spacecraft and Rockets, 2003, 40(3): 380-387.

[58]   SIMS J, FINLAYSON P, RINDERLE E, et al. Implementation of a low-thrust trajectory optimization algorithm for preliminary design[C]// AIAA/AAS Astrodynamics specialist conference and exhibit. Monterey, CA:[s.n.], 2006: 6746.

[59]   BETTS J T. Practical methods for optimal control and estimation using nonlinear programming[M]. Philadelphia: Society for Industrial and Applied Mathematics, 2009.

[60]   HARGRAVES C R, PARIS S W. Direct trajectory optimization using nonlinear programming and collocation[J]. Journal of Guidance, Control, and Dynamics, 1987, 10(4): 338-342.

[61]   CONWAY B A, PARIS S W. Spacecraft trajectory optimization using di-

rect transcription and nonlinear programming[M]. Cambridge: Cambridge University Press, 2010.

[62]   HERMAN A L, CONWAY B A. Direct optimization using collocation based on high-order Gauss-Lobatto quadrature rules[J]. Journal of Guidance, Control, and Dynamics, 1996, 19(3): 592-599.

[63]   COVERSTONE V, WILLIAMS S. Optimal low thrust trajectories using differential inclusion concepts[J]. Journal of the Astronautical Sciences, 1994, 42(4): 379-393.

[64]   HARGENS J, COVERSTONE V. Low-thrust interplanetary mission design using differential inclusion[C]//AIAA/AAS Astrodynamics Specialist Conference and Exhibit. Monterey, CA:[s.n.], 2002: 4730.

[65]   FAHROO F, ROSS I M. Direct trajectory optimization by a Chebyshev pseudospectral method[J]. Journal of Guidance, Control, and Dynamics, 2002, 25(1): 160-166.

[66]   GUO T, LI J, BAOYIN H, et al. Pseudospectral methods for trajectory optimization with interior point constraints: Verification and applications [J]. IEEE Transactions on Aerospace and Electronic Systems, 2013, 49(3): 2005-2017.

[67]   SONG Y, MIAO X, GONG S. Adaptive powered descent guidance based on multi-phase pseudospectral convex optimization[J]. Acta Astronautica, 2021, 180: 386-397.

[68]   ENRIGHT P J, CONWAY B A. Discrete approximations to optimal trajectories using direct transcription and nonlinear programming[J]. Journal of Guidance, Control, and Dynamics, 1992, 15(4): 994-1002.

[69]   HUNTINGTON G T, RAO A V. Comparison of global and local collocation methods for optimal control[J]. Journal of Guidance, Control, and Dynamics, 2008, 31(2): 432-436.

[70]   HUDSON J S, SCHEERES D J. Reduction of low-thrust continuous controls for trajectory dynamics[J]. Journal of Guidance, Control, and Dynamics, 2009, 32(3): 780-787.

[71]   KLUEVER C A. Simple guidance scheme for low-thrust orbit transfers[J]. Journal of Guidance, Control, and Dynamics, 1998, 21(6): 1015-1017.

[72]   PETROPOULOS A. Low-thrust orbit transfers using candidate Lyapunov functions with a mechanism for coasting[C]//AIAA/AAS Astrodynamics Specialst Conference and Exhibit. Providence:[s.n.], 2004: 5089.

[73]   LANTUKH D V, RANIERI C L, DIPRINZIO M D, et al. Enhanced q-

law Lyapunov control for low-thrust transfer and rendezvous design[C]// AAS/AIAA Astrodynamics Specialist Conference. Stevenson:[s.n.], 2017: 589.

[74] GUO T, JIANG F, LI J. Homotopic approach and pseudospectral method applied jointly to low thrust trajectory optimization[J]. Acta Astronautica, 2012, 71: 38-50.

[75] ROSS I M, GONG Q, SEKHAVAT P. Low-thrust, high-accuracy trajectory optimization[J]. Journal of Guidance, Control, and Dynamics, 2007, 30(4): 921-933.

[76] BAI X, TURNER J, JUNKINS J. Bang-bang control design by combing pseudospectral method with a novel homotopy algorithm[C]//AIAA Guidance, Navigation, and Control Conference. Chicago, Illinois:[s.n.], 2009: 5955.

[77] PETROPOULOS A E, LONGUSKI J M. Shape-based algorithm for the automated design of low-thrust, gravity assist trajectories[J]. Journal of Spacecraft and Rockets, 2004, 41(5): 787-796.

[78] CARUSO A, QUARTA A A, MENGALI G, et al. Shape-based approach for solar sail trajectory optimization[J]. Aerospace Science and Technology, 2020, 107: 106363.

[79] SIMS J, FLANAGAN S. Preliminary design of low-thrust interplanetary missions[C]//AAS/AIAA Astrodynamics Specialist Conference. Girdwood, Alaska:[s.n.], 1999: 338.

[80] BLISS G A. Lectures on the calculus of variations[M]. Chicago: University of Chicago Press, 1946.

[81] CASALINO L, COLASURDO G, PASTRONE D. Optimization of delta-v earth-gravity-assist trajectories[J]. Journal of Guidance, Control, and Dynamics, 1998, 21(6): 991-995.

[82] CHEN S, LI H, BAOYIN H. Multi-rendezvous low-thrust trajectory optimization using costate transforming and homotopic approach[J]. Astrophysics and Space Science, 2018, 363(6): 1-16.

[83] KOS L, POLSGROVE T, HOPKINS R, et al. Overview of the development for a suite of low-thrust trajectory analysis tools[C]//AIAA/AAS Astrodynamics Specialist Conference and Exhibit. Keystone, CO:[s.n.], 2006: 6743.

[84] DADEBO S A, MCAULEY K B, MCLELLAN P J. On the computation of optimal singular and bang-bang controls[J]. Optimal Control Applications and Methods, 1998, 19(4): 287-297.

[85]　JO J W, PRUSSING J E. Procedure for applying second-order conditions in optimal control problems[J]. Journal of Guidance, Control, and Dynamics, 2000, 23(2): 241-250.

[86]　BERTRAND R, EPENOY R. New smoothing techniques for solving bang-bang optimal control problems—numerical results and statistical interpretation[J]. Optimal Control Applications and Methods, 2002, 23(4): 171-197.

[87]　RAO A V. A survey of numerical methods for optimal control[J]. Advances in the Astronautical Sciences, 2009, 135(1): 497-528.

[88]　YOU S, WAN C, DAI R, et al. Learning-based onboard guidance for fuel-optimal powered descent[J]. Journal of Guidance, Control, and Dynamics, 2021, 44(3): 601-613.

[89]　CARUSO A, QUARTA A A, MENGALI G. Comparison between direct and indirect approach to solar sail circle-to-circle orbit raising optimization[J]. Astrodynamics, 2019, 3(3): 273-284.

[90]　李俊峰, 蒋方华. 连续小推力航天器的深空探测轨道优化方法综述[J]. 力学与实践, 2011, 33(3): 1-6.

[91]　SHEN H X. No-guess indirect optimization of asteroid mission using electric propulsion[J]. Optimal Control Applications and Methods, 2018, 39(2): 1061-1070.

[92]　MARTINON P, GERGAUD J. SHOOT2.0: An indirect grid shooting package for optimal control problems, with switching handling and embedded continuation: RR-7380[R]. France: INRIA, 2010.

[93]　TOPPUTO F, CECCHERINI S. A catalogue of parametric time-optimal transfers for all-electric geo satellites[M]. Cham: Springer, 2019: 459-478.

[94]　PONTANI M, CONWAY B A. Particle swarm optimization applied to space trajectories[J]. Journal of Guidance, Control, and Dynamics, 2010, 33(5): 1429-1441.

[95]　ROSA SENTINELLA M, CASALINO L. Genetic algorithm and indirect method coupling for low-thrust trajectory optimization[C]//42nd AIAA/ASME/SAE/ASEE Joint Propulsion Conference & Exhibit. Sacramento, CA:[s.n.], 2006: 4468.

[96]　DIXON L C W, BIGGS M C. Adjoint-control transformations for solving practical optimal control problems[J]. Optimal Control Applications and Methods, 1981, 2(4): 365-381.

[97]　TANG G, JIANG F. Capture of near-earth objects with low-thrust propulsion and invariant manifolds[J]. Astrophysics and Space Science, 2016, 361

(10): 1-14.

[98] TANG G, JIANG F, LI J. Fuel-optimal low-thrust trajectory optimization using indirect method and successive convex programming[J]. IEEE Transactions on Aerospace and Electronic Systems, 2018, 54(4): 2053-2066.

[99] LA MANTIA M, CASALINO L. Indirect optimization of low-thrust capture trajectories[J]. Journal of Guidance, Control, and Dynamics, 2006, 29(4): 1011-1014.

[100] HABERKORN T, MARTINON P, GERGAUD J. Low thrust minimum-fuel orbital transfer: A homotopic approach[J]. Journal of Guidance, Control, and Dynamics, 2004, 27(6): 1046-1060.

[101] GERGAUD J, HABERKORN T. Orbital transfer: Some links between the low-thrust and the impulse cases[J]. Acta Astronautica, 2007, 60(8): 649-657.

[102] PAN B, LU P, PAN X, et al. Double-homotopy method for solving optimal control problems[J]. Journal of Guidance, Control, and Dynamics, 2016, 39 (8): 1706-1720.

[103] TAHERI E, JUNKINS J L. Generic smoothing for optimal bang-off-bang spacecraft maneuvers[J]. Journal of Guidance, Control, and Dynamics, 2018, 41(11): 2470-2475.

[104] PARK C, GUIBOUT V, SCHEERES D J. Solving optimal continuous thrust rendezvous problems with generating functions[J]. Journal of Guidance, Control, and Dynamics, 2006, 29(2): 321-331.

[105] PARK C, SCHEERES D J. Solutions of optimal feedback control problems with general boundary conditions using hamiltonian dynamics and generating functions[C]//Proceedings of the 2004 American Control Conference: volume 1. Boston: IEEE, 2004: 679-684.

[106] WU D, JIANG F, LI J. Warm start for low-thrust trajectory optimization via switched system[J]. Journal of Guidance, Control, and Dynamics, 2021, 44(9): 1700-1706.

[107] PRUSSING J E, COVERSTONE-CARROLL V. Constant radial thrust acceleration redux[J]. Journal of Guidance, Control, and Dynamics, 1998, 21(3): 516-518.

[108] BOLTZ F W. Orbital motion under continuous tangential thrust[J]. Journal of Guidance, Control, and Dynamics, 1992, 15(6): 1503-1507.

[109] KECHICHIAN J A. Reformulation of Edelbaum's low-thrust transfer problem using optimal control theory[J]. Journal of Guidance, Control, and

Dynamics, 1997, 20(5): 988-994.

[110] WEN C, ZHANG C, CHENG Y, et al. Low-thrust transfer between circular orbits using natural precession and yaw switch steering[J]. Journal of Guidance, Control, and Dynamics, 2021, 44(7): 1371-1378.

[111] TSIEN H. Take-off from satellite orbit[J]. Journal of the American Rocket Society, 1953, 23(4): 233-236.

[112] BATTIN R H. An introduction to the mathematics and methods of astrodynamics[M]. New York: American Institute of Aeronautics and Astronautics, 1987.

[113] MENGALI G, QUARTA A A. Escape from elliptic orbit using constant radial thrust[J]. Journal of Guidance, Control, and Dynamics, 2009, 32(3): 1018-1022.

[114] QUARTA A A, MENGALI G. New look to the constant radial acceleration problem[J]. Journal of Guidance, Control, and Dynamics, 2012, 35(3): 919-929.

[115] GONZALO J L, BOMBARDELLI C. Asymptotic solution for the two body problem with radial perturbing acceleration[J]. Advances in the Astronautical Sciences, 2014, 152: 359-377.

[116] IZZO D, BISCANI F. Explicit solution to the constant radial acceleration problem[J]. Journal of Guidance, Control, and Dynamics, 2015, 38(4): 733-739.

[117] QUARTA A A, MENGALI G, CARUSO A. Optimal circle-to-rectilinear orbit transfer with circumferential thrust[J]. Astrodynamics, 2019, 3(1): 31-43.

[118] NICCOLAI L, QUARTA A A, MENGALI G. Orbital motion approximation with constant circumferential acceleration[J]. Journal of Guidance, Control, and Dynamics, 2018, 41(8): 1783-1789.

[119] BENNEY D J. Escape from a circular orbit using tangential thrust[J]. Journal of Jet Propulsion, 1958, 28(3): 167-169.

[120] BOMBARDELLI C, BAÙ G, PELÁEZ J. Asymptotic solution for the two-body problem with constant tangential thrust acceleration[J]. Celestial Mechanics and Dynamical Astronomy, 2011, 110(3): 239-256.

[121] ROA J, PELÁEZ J, SENENT J. New analytic solution with continuous thrust: Generalized logarithmic spirals[J]. Journal of Guidance, Control, and Dynamics, 2016, 39(10): 2336-2351.

[122] EDELBAUM T N. Propulsion requirements for controllable satellites[J]. Ars

Journal, 1961, 31(8): 1079-1089.

[123] CASALINO L, COLASURDO G. Improved Edelbaum's approach to opti-
mize low earth/geostationary orbits low-thrust transfers[J]. Journal of Guid-
ance, Control, and Dynamics, 2007, 30(5): 1504-1511.

[124] KLUEVER C A. Using Edelbaum's method to compute low-thrust transfers
with earth-shadow eclipses[J]. Journal of Guidance, Control, and Dynamics,
2011, 34(1): 300-303.

[125] COLASURDO G, CASALINO L. Optimal low-thrust maneuvers in presence
of earth shadow[C]//AIAA/AAS Astrodynamics Specialist Conference and
Exhibit. Providence:[s.n.], 2004: 5087.

[126] KECHICHIAN J A. Low-thrust eccentricity-constrained orbit raising[J].
Journal of Spacecraft and Rockets, 1998, 35(3): 327-335.

[127] RUGGIERO A, PERGOLA P, MARCUCCIO S, et al. Low-thrust maneu-
vers for the efficient correction of orbital elements[C]//32nd International
Electric Propulsion Conference. Wiesbaden, Germany:[s.n.], 2011: 102.

[128] BACON R H. Logarithmic spiral: An ideal trajectory for the interplanetary
vehicle with engines of low sustained thrust[J]. American Journal of Physics,
1959, 27(3): 164-165.

[129] IZZO D. Lambert's problem for exponential sinusoids[J]. Journal of Guid-
ance, Control, and Dynamics, 2006, 29(5): 1242-1245.

[130] DE PASCALE P, VASILE M. Preliminary design of low-thrust multiple
gravity-assist trajectories[J]. Journal of Spacecraft and Rockets, 2006, 43
(5): 1065-1076.

[131] VASILE M, DE PASCALE P, CASOTTO S. On the optimality of a shape-
based approach based on pseudo-equinoctial elements[J]. Acta Astronautica,
2007, 61(1-6): 286-297.

[132] WALL B J, CONWAY B A. Shape-based approach to low-thrust rendezvous
trajectory design[J]. Journal of Guidance, Control, and Dynamics, 2009, 32
(1): 95-101.

[133] WALL B J, NOVAK D. A 3d shape-based approximation method for low-
thrust trajectory design[J]. Advances in the Astronautical Sciences, 2011,
142: 1163-1176.

[134] TAHERI E, ABDELKHALIK O. Shape based approximation of constrained
low-thrust space trajectories using Fourier series[J]. Journal of Spacecraft
and Rockets, 2012, 49(3): 535-546.

[135] TAHERI E, ABDELKHALIK O. Initial three-dimensional low-thrust tra-

jectory design[J]. Advances in Space Research, 2016, 57(3): 889-903.

[136] NOVAK D M, VASILE M. Improved shaping approach to the preliminary design of low-thrust trajectories[J]. Journal of Guidance, Control, and Dynamics, 2011, 34(1): 128-147.

[137] XIE C, ZHANG G, ZHANG Y. Shaping approximation for low-thrust trajectories with large out-of-plane motion[J]. Journal of Guidance, Control, and Dynamics, 2016, 39(12): 2780-2789.

[138] ZENG K, GENG Y, WU B. Shape-based analytic safe trajectory design for spacecraft equipped with low-thrust engines[J]. Aerospace Science and Technology, 2017, 62: 87-97.

[139] HUO M, MENGALI G, QUARTA A A, et al. Electric sail trajectory design with Bezier curve-based shaping approach[J]. Aerospace Science and Technology, 2019, 88: 126-135.

[140] BASSETTO M, QUARTA A A, MENGALI G, et al. Spiral trajectories induced by radial thrust with applications to generalized sails[J]. Astrodynamics, 2021, 5(2): 121-137.

[141] GRIGORIEV I S, ZAPLETIN M P. One optimization problem for trajectories of spacecraft rendezvous mission to a group of asteroids[J]. Cosmic Research, 2009, 47(5): 426-437.

[142] LU P, GRIFFIN B J, DUKEMAN G A, et al. Rapid optimal multi-burn ascent planning and guidance[J]. Journal of Guidance, Control, and Dynamics, 2008, 31(6): 1656-1664.

[143] THORNE J D, HALL C D. Approximate initial lagrange costates for continuous-thrust spacecraft[J]. Journal of Guidance, Control, and Dynamics, 1996, 19(2): 283-288.

[144] DIXON L C W, BIGGS M C. The advantages of adjoint-control transformations when determining optimal trajectories by Pontryagin's maximum principle[J]. The Aeronautical Journal, 1972, 76(735): 169-174.

[145] YAN H, WU H. Initial adjoint-variable guess technique and its application in optimal orbital transfer[J]. Journal of Guidance, Control, and Dynamics, 1999, 22(3): 490-492.

[146] 王大铁, 李铁寿, 马兴瑞. 月球最优软着陆两点边值问题的数值解法[J]. 控制工程, 2000, 3: 7-12.

[147] LEE D, BANG H. Efficient initial costates estimation for optimal spiral orbit transfer trajectories design[J]. Journal of Guidance, Control, and Dynamics, 2009, 32(6): 1943-1947.

[148] TAHERI E, LI N I, KOLMANOVSKY I. Co-state initialization for the minimum-time low-thrust trajectory optimization[J]. Advances in Space Research, 2017, 59(9): 2360-2373.

[149] JIANG F, TANG G, LI J. Improving low-thrust trajectory optimization by adjoint estimation with shape-based path[J]. Journal of Guidance, Control, and Dynamics, 2017, 40(12): 3282-3289.

[150] MARTELL C A, LAWTON J A. Adjoint variable solutions via an auxiliary optimization problem[J]. Journal of Guidance, Control, and Dynamics, 1995, 18(6): 1267-1272.

[151] SEYWALD H, KUMAR R R. Method for automatic costate calculation[J]. Journal of Guidance, Control, and Dynamics, 1996, 19(6): 1252-1261.

[152] BENSON D A, HUNTINGTON G T, THORVALDSEN T P, et al. Direct trajectory optimization and costate estimation via an orthogonal collocation method[J]. Journal of Guidance, Control, and Dynamics, 2006, 29(6): 1435-1440.

[153] EAVES B C. Homotopies for computation of fixed points[J]. Mathematical Programming, 1972, 3(1): 1-22.

[154] GARCIA C, ZANGWILL W I. An approach to homotopy and degree theory [J]. Mathematics of Operations Research, 1979, 4(4): 390-405.

[155] WATSON L T. Probability-one homotopies in computational science[J]. Journal of Computational and Applied Mathematics, 2002, 140(1): 785-807.

[156] ALLGOWER E L, GEORG K. Numerical continuation methods: An introduction[M]. Berlin: Springer, 1990.

[157] ROBERTS S M, SHIPMAN J S. Continuation in shooting methods for two-point boundary value problems[J]. Journal of Mathematical Analysis and Applications, 1967, 18(1): 45-58.

[158] CAILLAU J B, GERGAUD J, NOAILLES J. 3d geosynchronous transfer of a satellite: Continuation on the thrust[J]. Journal of Optimization Theory and Applications, 2003, 118(3): 541-565.

[159] CAILLAU J B, DAOUD B. Minimum time control of the restricted three-body problem[J]. SIAM Journal on Control and Optimization, 2012, 50(6): 3178-3202.

[160] ARMELLIN R, GONDELACH D, SAN JUAN J F. Multiple revolution perturbed Lambert problem solvers[J]. Journal of Guidance, Control, and Dynamics, 2018, 41(9): 2019-2032.

[161] STEWARD D. A high accuracy method for solving ODEs with discontinuous

right-hand side[J]. Numerische Mathematik, 1990, 58(1): 299-328.

[162] FERRIER C, EPENOY R. Optimal control for engines with electro-ionic propulsion under constraint of eclipse[J]. Acta Astronautica, 2001, 48(4): 181-192.

[163] GERGAUD J, HABERKORN T. Homotopy method for minimum consumption orbit transfer problem[J]. ESAIM Control Optimisation and Calculus of Variations, 2006, 12(2): 294-310.

[164] TARZI Z, SPEYER J, WIRZ R. Fuel optimum low-thrust elliptic transfer using numerical averaging[J]. Acta Astronautica, 2013, 86: 95-118.

[165] LI J, XI X N. Fuel-optimal low-thrust reconfiguration of formation- flying satellites via homotopic approach[J]. Journal of Guidance, Control, and Dynamics, 2015, 35(6): 1709-1717.

[166] LANTOINE G, RUSSELL R P. Near ballistic halo-to-halo transfers between planetary moons[J]. The Journal of the Astronautical Sciences, 2011, 58(3): 335-363.

[167] BRADLEY N, RUSSELL R P. A continuation method for converting trajectories from patched conics to full gravity models[J]. Journal of the Astronautical Sciences, 2014, 61(3): 227-254.

[168] PAN B, PAN X, MA Y. A quadratic homotopy method for fuel-optimal low-thrust trajectory design[J]. Proceedings of the Institution of Mechanical Engineers, Part G: Journal of Aerospace Engineering, 2019, 233(5): 1741-1757.

[169] WATSON L T. An algorithm that is globally convergent with probability one for a class of nonlinear two-point boundary value problems[J]. SIAM Journal on Numerical Analysis, 1979, 16(3): 394-401.

[170] PAN B, PAN X, ZHANG S. A new probability-one homotopy method for solving minimum-time low-thrust orbital transfer problems[J]. Astrophysics and Space Science, 2018, 363(9): 1-12.

[171] KÉCHICHIAN J A. Optimal low-thrust transfer in general circular orbit using analytic averaging of the system dynamics[J]. The Journal of the Astronautical Sciences, 2009, 57(1): 369-392.

[172] WIESEL W E, ALFANO S. Optimal many-revolution orbit transfer[J]. Journal of Guidance, Control, and Dynamics, 1985, 8(1): 155-157.

[173] GEFFROY S, EPENOY R. Optimal low-thrust transfers with constraints—generalization of averaging techniques[J]. Acta Astronautica, 1997, 41(3): 133-149.

[174] HUBAUX C, LEMAITRE A, DELSATE N, et al. Symplectic integration of space debris motion considering several earth's shadowing models[J]. Advances in Space Research, 2012, 49(10): 1472-1486.

[175] SCHEEL W A, CONWAY B A. Optimization of very-low-thrust, many-revolution spacecraft trajectories[J]. Journal of Guidance, Control, and Dynamics, 1994, 17(6): 1185-1192.

[176] BETTS J T. Very low-thrust trajectory optimization using a direct SQP method[J]. Journal of Computational and Applied Mathematics, 2000, 120 (1-2): 27-40.

[177] BETTS J T. Optimal low–thrust orbit transfers with eclipsing[J]. Optimal Control Applications and Methods, 2015, 36(2): 218-240.

[178] GRAHAM K F, RAO A V. Minimum-time trajectory optimization of low-thrust earth-orbit transfers with eclipsing[J]. Journal of Spacecraft and Rockets, 2016, 53(2): 289-303.

[179] AZIZ J D, PARKER J S, SCHEERES D J, et al. Low-thrust many-revolution trajectory optimization via differential dynamic programming and a sundman transformation[J]. The Journal of the Astronautical Sciences, 2018, 65 (2): 205-228.

[180] AZIZ J D, SCHEERES D J. Sundman-transformed differential dynamic programming with modified equinoctial elements[J]. The Journal of the Astronautical Sciences, 2019, 66(4): 419-445.

[181] FALCK R D, SJAUW W K, SMITH D A. Comparison of low-thrust control laws for applications in planetocentric space[C]//50th AIAA/ASME/ SAE/ASEE Joint Propulsion Conference. Cleveland:[s.n.], 2014: 3714.

[182] CHANG D E, CHICHKA D F, MARSDEN J E. Lyapunov-based transfer between elliptic Keplerian orbits[J]. Discrete & Continuous Dynamical Systems-B, 2002, 2(1): 57-68.

[183] 杨大林, 徐波, 高有涛. 地球轨道卫星电推进变轨控制方法[J]. 宇航学报, 2015, 36(9): 1010-1017.

[184] 田百义, 雪丹, 黄美丽. 全电推进 GEO 卫星的变轨策略研究[J]. 航天器工程, 2015, 24(2): 7-13.

[185] D'SOUZA C. An optimal guidance law for planetary landing[C]//Guidance, Navigation, and Control Conference. New Orleans:[s.n.], 1997: 3709.

[186] LU P. Propellant-optimal powered descent guidance[J]. Journal of Guidance, Control, and Dynamics, 2018, 41(4): 813-826.

[187] MENG Y, ZHANG H, GAO Y. Low-thrust minimum-fuel trajectory op-

timization using multiple shooting augmented by analytical derivatives[J]. Journal of Guidance, Control, and Dynamics, 2019, 42(3): 662-677.

[188] WU D, ZHANG T, ZHONG Y, et al. Analytical shaping method for low-thrust rendezvous trajectory using cubic spline functions[J]. Acta Astronautica, 2022, 193: 511-520.

[189] LU P. Augmented apollo powered descent guidance[J]. Journal of Guidance, Control, and Dynamics, 2019, 42(3): 447-457.

[190] REA J, BISHOP R. Analytical dimensional reduction of a fuel optimal powered descent subproblem[C]//AIAA Guidance, Navigation, and Control Conference. Toronto:[s.n.], 2010: 8026.

[191] MORÉ J J, GARBOW B S, HILLSTROM K E. User guide for minpack-1: Rept. ANL-80-74[R]. Argonne, Illinois: Argonne National Laboratory, 1980.

[192] HOFMANN C, TOPPUTO F. Rapid low-thrust trajectory optimization in deep space based on convex programming[J]. Journal of Guidance, Control, and Dynamics, 2021, 44(7): 1379-1388.

[193] ITO T, SAKAI S I. Throttled explicit guidance to realize pinpoint landing under a bounded thrust magnitude[J]. Journal of Guidance, Control, and Dynamics, 2020, 44(4): 854-861.

[194] RICCIARDI L A, VASILE M. Direct transcription of optimal control problems with finite elements on bernstein basis[J]. Journal of Guidance, Control, and Dynamics, 2019, 42(2): 229-243.

[195] GONDELACH D J, NOOMEN R. Hodographic-shaping method for low-thrust interplanetary trajectory design[J]. Journal of Spacecraft and Rockets, 2015, 52(3): 728-738.

[196] SHANNON J L, OZIMEK M T, ATCHISON J A, et al. Q-law aided direct trajectory optimization of many-revolution low-thrust transfers[J]. Journal of Spacecraft and Rockets, 2020, 57(4): 672-682.

[197] YILDIRIM E A, WRIGHT S J. Warm-start strategies in interior-point methods for linear programming[J]. SIAM Journal on Optimization, 2002, 12(3): 782-810.

[198] KOH K, KIM S J, BOYD S. An interior-point method for large-scale l(1)-regularized logistic regression[J]. Journal of Machine Learning Reaserch, 2007, 8: 1519-1555.

[199] HUANG S, COLOMBO C, BERNELLI-ZAZZERA F. Low-thrust planar transfer for co-planar low earth orbit satellites considering self-induced collision avoidance[J]. Aerospace Science and Technology, 2020, 106: 106198.

[200] PETROPOULOS A E, TARZI Z B, LANTOINE G, et al. Techniques for designing many-revolution, electric-propulsion trajectories[C]//AAS/AIAA Space Flight Mechanics Meeting. Santa Fe:[s.n.], 2014: 373.

[201] BASSETTO M, QUARTA A A, MENGALI G. Locally-optimal electric sail transfer[J]. Proceedings of the Institution of Mechanical Engineers, Part G: Journal of Aerospace Engineering, 2019, 233(1): 166-179.

[202] GHOSH P. A survey of the methods available for the design of many-revolution low-thrust planetocentric trajectories[C]//AAS/AIAA Space Flight Mechanics Meeting. Ka'anapali:[s.n.], 2019: 297.

[203] HENNINGER H C, BIGGS J D. Near time-minimal earth to L1 transfers for low-thrust spacecraft[J]. Journal of Guidance, Control, and Dynamics, 2017, 40(11): 2999-3004.

[204] CASALINO L. Approximate optimization of low-thrust transfers between low-eccentricity close orbits[J]. Journal of Guidance, Control, and Dynamics, 2014, 37(3): 1003-1008.

在学期间完成的相关学术成果

学术论文：

[1] Wu D, Cheng L, Jiang F, et al. Analytical costate estimation by a reference trajectory-based least-squares method[J]. Journal of Guidance, Control, and Dynamics, 2022, 25(8):1529-1537. （SCI 检索，WOS:000778213800001）

[2] Wu D, Zhang T, Zhong Y, et al. Analytical shaping method for low-thrust rendezvous trajectory using cubic spline functions[J]. Acta Astronautica, 2022, 193:511-520. （SCI 检索，WOS:000772023900043）

[3] Wu D, Wang W, Jiang F, et al. Minimum-time low-thrust many-revolution geocentric trajectories with analytical costates initialization[J]. Aerospace Science and Technology, 2021, 119:107146. （SCI 检索，WOS:000706995400006）

[4] Wu D, Jiang F, Li J. Warm start for low-thrust trajectory optimization via switched system[J]. Journal of Guidance, Control, and Dynamics, 2021, 44(9): 1700-1706. （SCI 检索，WOS:000685999000011）

[5] Wu D, Cheng L, Jiang F, et al. Rapid generation of low-thrust many-revolution earth-center trajectories based on analytical state-based control[J]. Acta Astronautica, 2021, 187:338-347. （SCI 检索，WOS:000686218700032）

[6] Wu D, Cheng L, Li J. Warm-start multihomotopic optimization for low-thrust many-revolution trajectories[J]. IEEE Transactions on Aerospace and Electronic Systems, 2020, 56(6):4478-4490. （SCI 检索，WOS:000597751100024）

[7] Wu D, Song Y, Chi Z, et al. Problem A of the 9th China trajectory optimization competition: Results found at Tsinghua University[J]. Acta Astronautica, 2018, 150:204-212. （SCI 检索，WOS:000449448800027）

[8] Wang W, Wu D, Sun R, et al. Optimal projected circular orbit for spacecraft formation flying near a slowly rotating asteroid[J]. IEEE Transactions on Aerospace and Electronic Systems, 2022, 58(6):5483-5493. （SCI 检索，WOS: 000895081000045）

[9] Zhang T, Wu D, Jiang F, et al. A new 3D shaping method for low-thrust trajectories between non-intersect orbits[J]. Aerospace, 2021, 8(11):315.（SCI 检索，WOS:000724800500001）

[10] Wang W, Wu D, Lei H, et al. Fuel-optimal spacecraft cluster flight around an ellipsoidal asteroid[J]. Journal of Guidance, Control, and Dynamics, 2021, 44(10):1875-1882.（SCI 检索，WOS:000755282700013）

[11] Wang W, Wu D, Mengali G, et al. Asteroid hovering missions from a fuel-consumption viewpoint[J]. Journal of Guidance, Control, and Dynamics, 2020, 43(7):1374-1382.（SCI 检索，WOS:000542959700014）

[12] Chi Z, Wu D, Jiang F, et al. Optimization of variable-specific-impulse gravity-assist trajectories[J]. Journal of Spacecraft and Rockets, 2020, 57(2):291-299.（SCI 检索，WOS:000521267100008）

[13] 武迪, 闫儵然, 李海洋, 等. 火星探测器接近段器地组合导航方法 [J]. 中国科学：技术科学, 2020, 50(9):1150-1159.（EI 源刊）

[14] 武迪, 程林, 王伟, 等. 基于切换系统的小推力轨迹优化协态初始化方法 [J]. 深空探测学报（中英文）, 2021, 8(5):528-533.

主要获奖情况

[1] 研究生国家奖学金. 2020 年与 2021 年.

[2] 第 11 届国际空间探测轨迹优化大赛（Global Trajectory Optimisation Competition）冠军. 2021.

[3] 第 10 届国际空间探测轨迹优化大赛（Global Trajectory Optimisation Competition）亚军. 2019.

[4] 第 9 届中国空间轨道设计竞赛（China Trajectory Optimisation Competition）季军. 2017.

致　　谢

衷心感谢导师李俊峰教授对我的精心指导。李老师以他丰富的科研经验、渊博的学识和严谨的治学风格言传身教，五年的读博生涯中，李老师既严厉地指出了我很多的问题和不足，又勉励我克服了诸多困难；既培养了我的科研兴趣，又教会我许多研究方法和道理，李老师的谆谆教诲将使我终身受益。

衷心感谢宝音贺西老师和蒋方华老师对我的指导和帮助。宝音老师学识渊博、视野开阔而又幽默风趣，从我本科毕业设计开始，他就深深影响了我的学术志趣和生活态度。蒋老师严谨认真并且经验丰富，每次轨迹优化细节问题的讨论和论文的修改都让我学到了很多知识，端正了科研态度。

衷心感谢王天舒老师和龚胜平老师在科研上给我的指点和建议。在每次讨论班和组会上，老师们的讨论和意见使我的思路更加开阔，让我能够及时弥补自身的不足，调整科研思路和学术目标。

感谢在我读博期间给予我帮助的老师、同学和朋友，特别是实验室的同学和已毕业的师兄师姐，他们在科研和生活上给我热情的帮助，每次共同探讨学术问题都使我受益良多。

感谢父母家人一直以来对我的关怀和支持，无论遇到什么困难和人生抉择，他们始终是我的坚实后盾。

感谢妻子谢煜女士在我读博期间给予的陪伴、支持和鼓励，让我在科研工作之外发现生活的喜乐，感谢她督促我完成论文的写作。

感谢母校清华大学对我的培养，在清华校园里学习的九年，将是我一生的财富。

感谢国家自然科学基金（项目号：U21B2050 和 12302058）、中国科协青年人才托举工程（项目号：2023QNRC001）提供的支持与资助。